Marlon Wesley Machado Cunico, Ph.d

Jennifer Desiree Medeiros Cavalheiro, M.Eng.

Guia prático para Análise Experimental de Vibrações

Curitiba

Concep3D

2019

Copyright ©2019 by Concep3D

Dados Internacionais de Catalogação na Publicação (CIP)

> C972.d   Cunico, Marlon Wesley Machado, Cavalheiro, Jennifer Desiree Medeiros
>
> Guia prático para Análise Experimental de Vibrações/ Marlon Wesley Machado Cunico; Jennifer Desiree Medeiros Cavalheiro; Concep3D Pesquisas Científicas Ltda; Curitiba, 2019,
>
> ISBN: 9781695675360
>
> 1.Vibrações; 2. guia pratico 3. Tecnologias.   Título
>
> CDD 620

Índice para catálogo sistemático

1. Engenharia e aplicações 620

1a Edição - 2019

Impresso no Brasil

Printed in Brazil

©2019 by Concep3D, All Rights Reserved

©2019, Concep3D Pesquisas Científicas Ltda. Todos os direitos reservados de acordo com a legislação em vigor

Concep3D Pesquisas Científicas Ltda

r. Pedro Ivo 298 ap 23

80010-020 Curitiba, Brasil

www.concep3D.com.br

1 Prefácio

Com o passar dos anos, houve um aumento da complexidade de produtos, construções e estruturas que nos rodeiam. Contudo, este aumento de complexidade implicou no aumento de problemas de vibração relacionados aos produtos. Da mesma forma, mudanças climáticas e desastres naturais aumentaram nos últimos anos de forma que tufões, ciclones, sismos entre outros aumentaram a incidência de carregamentos dinâmicos e perturbações em estruturas.

Por esses motivos, este livro busca trazer um apanhado prático de técnicas experimentais e teóricas relacionadas a dinâmica e vibrações de produtos e estruturas.

No Capítulo 1 é apresentada uma fundamentação e contextualização sobre a importância de se realizar análises vibracionais em estruturas e produtos, assim como o conceito de monitoramento e controle de vibrações em tempo real de forma a evitar problemas e aumentar segurança.

Já no Capítulo 2, os principais fundamentos teóricos de vibrações necessários para a análise experimental de vibrações são apresentados. Neste caso, destaca-se a teoria sobre o que é vibração, modelos de 1 e múltiplos graus de liberdade, vibração amortecida e livre, análise modal.

No Capítulo 3, conceitos aprofundados de amortecimento são apresentados de forma que seja possível que você possa utilizar um dos modelos de amortecimento em seus estudos, simulações, experimentos e produtos. Entre os principais tipos de amortecimento apresentados neste livro, destacam-se amortecimento de Coulomb, Viscoso, viscoelasticos, atrito seco, atrito molhado, histerésicos e amortecimento estrutural. São também ensinadas técnicas de caracterização experimental de amortecimento de forma que você possa identificar coeficientes de amortecimento de modelos apresentados e incluir em seus projetos.

De forma à desmistificar mitos e equívocos relacionados às análise experimental de vibrações, o Capítulo 4 aborda as principais técnicas de se analisar vibrações. Destaca-se uma discussão comparativa entre análise de vibrações em domínio do tempo e no domínio da frequência, apresentando os porquês de que a análise em frequência proporciona resultados mais significativos, precisos e úteis.

Neste capítulo, são também apresentados conceitos de equipamentos utilizados em análise experimental, como sensores, excitadores, sistema de acquisição de dados, filtros, condicionadores de sinal e técnicas de processamento de sinais.

No capítulo 5, são apresentados conceitos sobre teoria de controle, assim como técnicas de controle de vibração em estruturas e produtos. Neste capítulo, destaca-se a aplicação de sistemas de controle passivos e ativos em malha aberta e fechada, sendo também apresentados exemplos de estruturas e produtos onde foram aplicados sistemas de controle de vibração.

No último capítulo deste livro, são apresentados estudos de caso de análise prática de vibrações. Neste capítulo são apresentados exemplos de caracterização de amortecedores friccionais, além de análise de vibração em SISO e MIMO em vigas e ponte em escala reduzida. Desta forma, torna-se possível desmistificar paradigmas ao redor de análise de vibração, criando um *midset* prático sobre análise de vibrações.

Marlon Cunico, Ph.D.

Editor

2 Sobre os Autores

Prof. Marlon Wesley Machado Cunico, é Doutor em Engenharia Mecânica e atua a mais de 15 anos pesquisando a área de tecnologias de manufatura aditiva e impressoras 3D. Premiado internacionalmente como melhor pesquisador em nível de doutorado na área de engenharia mecânica na categoria de manufatura aditiva no ano de 2013/2014, é inventor de diversas tecnologias relacionadas à impressoras 3D. Atualmente assume o cargo de diretor do departamento de pesquisa e desenvolvimento da empresa Concep3D Pesquisas Científicas Ltda. e apresenta experiência em análise, caracterização e desenvolvimento de materiais, projeto de máquinas, análise estrutural e de elementos finitos, análise computacional de dinâmica dos fluidos, análise e controle de vibração, modelagem matemático, análise e controle de sistemas dinâmicos, controle de máquinas, utilização de metodologias Six Sigma, Análise de falhas, otimização, análise estatística e experimental multivariável e não-linear, projeto de sistemas de medição e instrumentação.

Engenheira Civil Jennifer Desiree Medeiros Cavalheiro, é Mestre em engenharia de estruturas em subárea de vibrações experimentais em pontes e estruturas esbeltas além de análises não lineares de estruturas. Fundadora da startup Concep3D ela apresenta mais de 5 anos de experiência em projetos estruturais, análise de elementos finitos, projetos elétricos e hidrossanitários.

3 Sumário

PREFÁCIO 5

SOBRE OS AUTORES 8

SUMÁRIO 10

1 INTRODUÇÃO 14

1.1 Considerações iniciais 14
1.2 Porque análise vibracional é tão importante? 17

2 FUNDAMENTOS TEÓRICOS DE VIBRAÇÕES 22

2.1 Vibrações com 1 Grau de Liberdade (GDL) 24
2.2 Vibração Forçada 27
2.3 Vibrações com Múltiplos Graus de Liberdade (MGDL) 34
2.3.1 Vibração livre não amortecida 38
2.3.2 Vibração Forçada 41
2.4 Análise Modal 44

3 AMORTECIMENTO 50

3.1 Tipos de Amortecimento 50
3.2 Métodos de Medição de amortecimento 62
3.2.1 Decremento Logarítmico 62

3.2.2 Dissipação de Energia   64
3.2.3 Análise de Meia largura de banda 67
3.2.4 Método de caracterização por regressão não linear   69

4 FUNDAMENTOS DE ANÁLISE EXPERIMENTAL APLICADOS À VIBRAÇÕES   74

4.1 Características de Análise de vibrações experimental   **74**
4.2 Análise de resposta no tempo   **77**
4.3 Análise de resposta em frequência   **85**
4.4 Métodos básicos de Caracterização   **97**
4.4.1 Degrau de Relaxação   99
4.4.2 Impulso 100
4.5 Método de Caracterização através de Excitadores   **102**

5 INSTRUMENTAÇÃO E PROCESSAMENTO DE SINAIS   105

5.1 Aquisição de Dados   **107**
5.1.1 Amostragem   108
5.1.2 Quantitização   111
5.1.3 Especificações de Conversores AD 113
5.1.4 Tipos de Conversores AD   115
5.1.5 Conversores DA   117
5.2 Sensores 118
5.2.1 Características fundamentais de sensores 119
5.2.2 Extensômetros   125
5.2.3 Sensor de deslocamento   129
5.2.4 Acelerômetros   136
5.2.5 Células de Carga 140
5.2.6 Encoders e Resolvers   144

- 5.3 Processamento de Sinais 147
- 5.3.1 Condicionamento e transdução básica de sinais 148
- 5.3.2 Filtros 154
- 5.3.3 Lista de Componentes para processamento de sinais e controle 160
- 5.4 FFT e Janelamento ("*windowing*") 163

6 CONTROLE DE VIBRAÇÃO 173

- 6.1 Tipos de controle 173
- 6.2 Controle passivo 178
- 6.2.1 Sistema de isolamento 179
- 6.2.2 Sistema de estabilização inercial 181
- 6.2.3 Amortecimento complementar 184
- 6.2.4 Sistema de rigidez e amortecimento autoajustavel 191
- 6.3 Controle Ativo 197

7 CONCLUSÕES E PERSPECTIVAS 201

8 REFERÊNCIAS 203

4 Introdução

Neste capítulo, fundamentos e contextualização da problemática relacionada à falta de análise de vibrações em produtos e estruturas é apresentada. São salientados benefícios e importância de se considerar conceitos de análise de vibrações em projetos e como estes aumentam a segurança e qualidade de vida de usuários.

4.1 Considerações iniciais

As obras de arte, como pontes e viadutos, são de grande importância no cenário socioeconômico brasileiro, visto que o tipo modal mais utilizado para transporte de carga no Brasil é o rodoviário (mais de 60%) (CNT Janeiro, 2018). Tendo isto em vista, torna se necessário que o projeto destas pontes e viadutos sejam desenvolvidos de maneira a conservar aspectos fundamentais, como a segurança, a funcionalidade, a durabilidade, a economia e a estética.

O desenvolvimento de novos materiais e a evolução no método de dimensionamentos dos projetos possibilitaram a execução de estruturas cada vez mais esbeltas, além disso, aliado ao desenvolvimento do tráfego rodoviário no Brasil, que resultou no aumento de volume e peso dos veículos, acarretou em problemas relacionados a dinâmica (Vibração excessiva, ressonância, grandes amplitudes, altas faixas de frequências) (SANTOS 2007).

Esta combinação de fatores impacta diretamente na vida útil das estruturas, causando uma degradação acelerada das obras em um curto espaço de tempo. Uma estrutura em estado de vibração excessiva pode causar um desconforto para quem utiliza, devido ao deslocamento excessivo. Da mesma forma a incidência de manifestações patológicas é acentuada, podendo, em alguns casos, até levar ao colapso. Um exemplo de uma situação extrema como esta é o caso da ponte de Tacoma Narrows, inaugurada em 1° de julho de 1940, que entrou em colapso (Figura 4.1) em 7 de novembro em 1940, após vibração causada pelo vento de intensidade pequena (SANTOS 2007; RAO 2009).

Figura 4.1 – (a) foto tirada no dia 7 de novembro de 1940 que mostra o tabuleiro torcido (b) depois de 20 min a ponte entrava em colapso.

Fonte:(OLSON, WOLF *ET AL.* 2015)

Em função disto, torna-se cada vez mais importante que as estruturas sejam projetadas da maneira mais realista possível, com modelos matemáticos que captem os efeitos dinâmicos causados pelos tráfegos de veículos, pelos ventos e outras ações que agem direta ou indiretamente na estrutura.

Atualmente, as normas brasileiras consideram o carregamento dinâmico através do carregamento estático com coeficientes de amplificação dinâmica, esta abordagem é considera por MELO (2007) insuficiente para atender aos critérios de fissuração, vibrações e deformações excessivas, implicando a redução da margem de segurança das estruturas. Logo, diversos efeitos de amortecimento, atritos, folgas e inertância do sistema são desprezados. Assim, estes métodos podem implicar em divergências da simulação em relação ao comportamento da estrutura real, impactando em problemas após a construção da obra como foi o caso da Ponte Rio-Niterói, que apresentou problemas relacionados à vibração e grandes deslocamentos dinâmicos (SAMPAIO, OLIVEIRA ET AL. 2010).

Além disso, apesar do grande avanço dos modelos numéricos, ainda existem diversos desafios a serem superados (SALAWU AND WILLIAMS 1995; TEIXEIRA, AMADOR ET AL. 2010). Por este motivo, faz-se necessária a utilização de modelos experimentais para validação, correção e adequação de modelos numéricos.

Por outro lado, produtos do nosso cotidiano também apresentam incidência de problemas de vibrações, como máquinas de lavar roupa, carros, computadores, entre outros produtos.

Por exemplo, quem nunca viu ou sentiu que sua máquina de lavar roupa fosse sair andando ? Com isso, além de trazer desconforto ao usuário, devido ao barulho e vibração, excesso de vibração põe em risco a segurança dos usuários. Um exemplo deste tipo de situação ocorreu em 2016 quando máquinas de lavar da empresa Samsung entraram em colapso devido a vibração excessiva, causando mais de 2.8 milhões de dólares em prejuízo além de ferimentos de mais de 20 pessoas (RAMASWAMY 2016; REUTERS 2016).

4.2 Porque análise vibracional é tão importante?

A problemática relacionada à falta de análise dinâmica de estruturas vem obtendo maior atenção nos últimos anos, visto que uma das principais causas de um colapso de uma pontes ocorre sob aplicação de carregamentos dinâmicos (ventos, Impactos, movimento da água e inundações), conforme apresentado na figura abaixo.

Além disso, os benefícios de dispositivos de controle de vibração, assim como melhor entendimento do comportamento dinâmico de estruturas de pontes, implica no aumento de segurança, proteção da integridade estrutural e na otimização destes sistemas.

Figura 4.2 – Principais causas de colapsos em pontes.

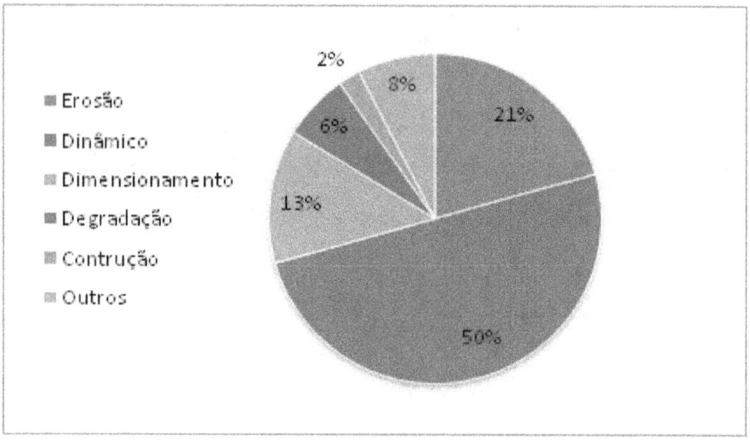

- Erosão
- Dinâmico
- Dimensionamento
- Degradação
- Contrução
- Outros

2%
8%
21%
6%
13%
50%

Fonte: baseado em dados de: Cook **(2014)**

Adicionalmente, vem sendo observado o aumento de incidência de sismos no Brasil, conforme apresentado na Figura 4.3, onde é observado um gráfico que relata a ocorrência de eventos sismológicos com magnitudes acima de 3,0 na escala Richter, estes dados foram coletados em um período de 2001 até 2016. Neste gráfico, é possível verificar que houve um aumento significativo de ocorrência de sismos a partir de 2014. Este tipo de carregamento é puramente dinâmico e que, fora do país, recebe uma grande atenção e cuidado ao dimensionar uma estrutura.

Além disso, de acordo com estudos realizados sobre mudanças climáticas no Brasil, houve um aumento de 66%

de ocorrências de ciclones tropicais(MARENGO, SCHAEFFER *ET AL.* 2010).

Figura 4.3 – Taxa de crescimento de ocorrência de sismos no Brasil baseado em dados do Centro de sismologia da USP.

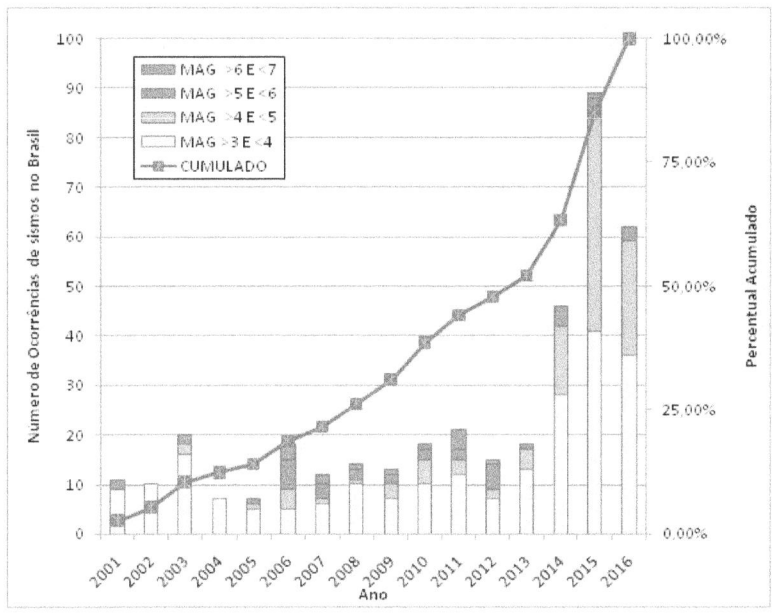

Fonte: USP (2016)

Pode-se também destacar que um dimensionamento de produtos ou estruturas de forma adequada, sob o ponto de vista dinâmico, implica no aumento da vida útil destes. Da mesma forma, custos de manutenção corretiva são reduzidos, enquanto o índice de segurança e conforto de usuários destas estruturas aumenta (MAZUREK AND DEWOLF 1990).

Outro ponto que também pode ser indicado é o crescimento do interesse de pesquisa e desenvolvimento relacionado à caracterização, monitoramento, simulação e dimensionamento de estruturas sob carregamento dinâmico. Este fato pode ser observado na Figura 4.4, onde o número de artigos publicados em periódicos indexados pela Thomson Reuter é apresentado cronologicamente. Consequentemente pode-se observar um aumento de 600% no número de publicações desde 1990.

Nesta figura, pode-se também observar o crescimento do número de patentes internacionais depositadas através do Escritório Mundial de Propriedade Intelectual (*World Intelectual Propriety Office* – WIPO).

Com isto, conclui-se que houve um aumento de 900% do interesse de empresas com relação ao desenvolvimento de sistemas que simulem, analisem e controlem vibrações desde 1990. Isso implica diretamente no aumento de investimento na caracterização dinâmica de uma ponte e no desenvolvimento de dispositivos de controles de vibrações.

Desta forma, observa-se a importância desta área de pesquisa no panorama mundial, pois esta contribui cientificamente e comercialmente melhor entendimento, controle e otimização do comportamento dinâmico de pontes. Adicionalmente, este livro busca disseminar conceitos de vibração de uma forma prática e desmistificada, permitindo que cada vez mais pessoas possam aperfeiçoar seus produtos e aumentar segurança de suas estruturas.

Figura 4.4 – Análise de crescimento de pesquisas em periódicos indexados pela Thomson Reuter e patentes internacionais (segundo WIPO) nas áreas de medição e testes (G01H), elementos estruturais e de isolamento dinâmico (E04C) e sistemas de supressão de vibração (F16F) .

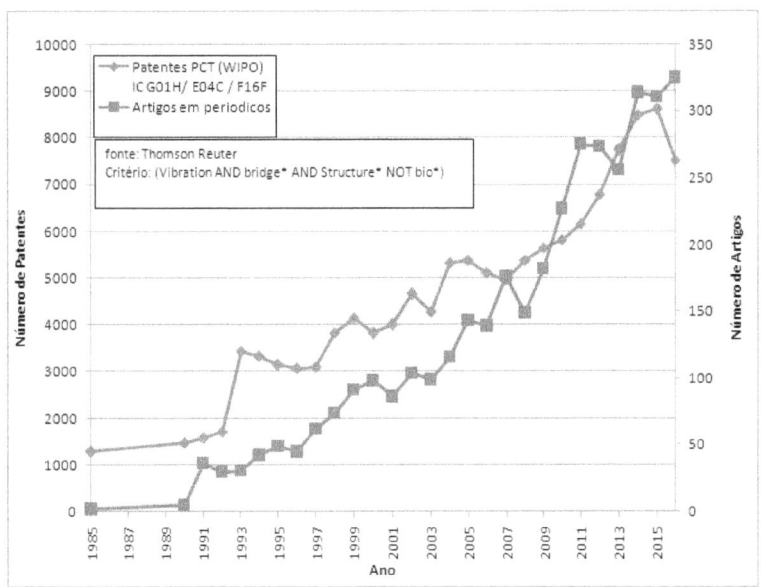

5 Fundamentos Teóricos de Vibrações

A vibração é o estudo de um conjunto de movimentos oscilatórios ou periódicos que agem sobre um sistema (estrutura) por um determinado tempo, o objetivo de um estudo de vibrações é detectar e analisar a resposta do sistema quando excitado por uma força. Para isso são necessários alguns conceitos de vibração como (DE SILVA 1999; MOBLEY 1999; MEIROVITCH 2001):

-Vibração: Conjunto de movimento periódico ou oscilatórios de um sistema (DE SILVA 1999; MOBLEY 1999);

-Período: tempo no qual o sistema leva para completar um ciclo (RAO 2009);

-Frequência: inversa do período, representando um ciclo de uma vibração (RAO 2009);

-Amplitude: Deslocamento máximo alcançado no ciclo da vibração (DE SILVA 1999; MOBLEY 1999; MEIROVITCH 2001);

-Frequência Natural: é uma propriedade do sistema que implica na vibração espontânea do mesmo. Ou seja, é a frequência onde o sistema tende a se movimentar com o mínimo de energia possível (MCCONNELL AND VAROTO 2008).

-Ressonância: fenômeno que ocorre em um sistema quando uma determinada força (excitação) atinge a frequência natural, aumentando exponencialmente a amplitude do sistema (DE SILVA 1999; MOBLEY 1999; MEIROVITCH 2001).

A manifestação do fenômeno da vibração ocorre devido a uma transferência repetitiva entre energia cinética e potencial. Se ocorrer dissipação no sistema, parte da energia é transferida para os amortecedores de diversas formas, como por exemplo, atrito e deslocamento de um fluído viscoso (De Silva, 1999; Rao, 2009).

A grande questão do estudo de vibração é criar e solucionar um modelo matemático que simule o movimento. Geralmente esta formulação é uma equação diferencial que quando solucionada apresenta as respostas do sistema (MEIROVITCH 2001).

Uma das formas de analisar vibrações mecânicas é através das leis de Newton, pela segunda lei de Newton, no qual se encontra a equação de equilíbrio dos sistemas dinâmicos (Eq.(1))

$$\sum F = m \cdot a \tag{1}$$

Nenhuma estrutura (sistemas mecânicos) está isenta de sofrer vibração, porém esta vibração só é problemática quando entra em ressonância, induz à fadiga ou quando esta oscilação é sentida pela pessoa que utiliza a estrutura. Por este motivo, o estudo e determinação das frequências naturais de um sistema, assim como o desenvolvimento de meios de controle desta vibração se tornam tão importante para a engenharia civil (TIMOSHENKO 1937; MEIROVITCH 2001).

5.1 Vibrações com 1 Grau de Liberdade (GDL)

O sistema mecânico mais simples para análise de vibrações é o sistema com um grau de liberdade, no qual seu movimento pode ser caracterizado por uma variável ou coordenada.

Ou seja, um grau de liberdade (GDL) é o número mínimo de coordenadas para indicar a posição de um movimento periódico de um sistema, por exemplo o movimento de um pêndulo simples pode ser determinado pelo ângulo do pêndulo (MOBLEY 1999; MEIROVITCH 2001; RAO 2009).

O modelo com um grau de liberdade pode ser representado por um sistema massa mola, conforme apresentado na Figura 5.1 e equacionado na Eq.(2) através do equilíbrio dinâmico. Este sistema possui um bloco de massa "m", uma mola de massa desprezada e coeficiente "K", um amortecimento "c" e uma força "F" aplicada ao sistema, sendo analisado a resposta do sistema, o deslocamento horizontal "x" (BEARDS 1996; MCCONNELL AND VAROTO 2008; RAO 2009).

Figura 5.1 – Sistema massa – mola – amortecedor

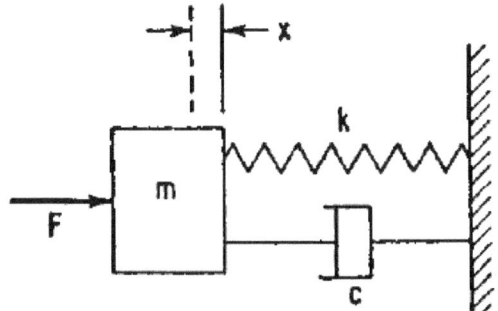

Fonte: HARRIS AND PIERSOL (2002).

$$K \cdot x + c \cdot \dot{x} + m \cdot \ddot{x} = F \tag{2}$$

A análise deste sistema pode se dar, de forma geral, de quatro formas (MOBLEY 1999; MCCONNELL AND VAROTO 2008):

-Vibração livre amortecida: sistema sem a atuação de uma força externa, contudo considera a perda de energia por algo que resiste ao movimento natural do sistema, causando o amortecimento do mesmo;

-Vibração livre não amortecida: Sistema sem atuação de força externa, sem perda de energia;

-Vibração forçada amortecida: Considera uma força atuando no sistema e uma perda de energia;

-Vibração forçada não amortecida: Considera uma força atuando no sistema, porém desconsidera perdas de energia (MOBLEY 1999; MCCONNELL AND VAROTO 2008).

Tabela 5.1 – Equação de movimento, sua solução e a frequência natural de um sistema livre com e sem amortecimento;

Formas livres de um sistema 1 GDL	Equação de movimento	Solução da equação Diferencial	Frequência natural
Vibração livre amortecida	$K \cdot x + c \cdot \dot{x} + m \cdot \ddot{x} = 0$	$K + c \cdot s + m \cdot s^2 = 0$	$\varpi_d = \dfrac{-c \pm \sqrt{c^2 - 4 \cdot m \cdot k}}{2m}$
Vibração livre não amortecida	$K \cdot x + m \cdot \ddot{x} = 0$	$K + m \cdot s^2 = 0$	$\varpi_n = \sqrt{\dfrac{k}{m}}$

Na Tabela 5.1 são apresentados, na segunda coluna, as equações de movimento da vibração livre amortecida e não amortecida, seguido da resolução da equação diferencial ordinária por Laplace e a equação que representa a frequência natural de cada sistema na terceira coluna (MOBLEY 1999; MCCONNELL AND VAROTO 2008).

No caso de sistemas que consideram perda de energia em seu modelo, existem três classificações quanto ao amortecimento do sistema: Sub-amortecido, devidamente amortecido e superamortecido. O parâmetro utilizado para determinar o quão amortecido o sistema se encontra é a taxa de amortecimento que consiste na divisão do coeficiente de amortecimento de um sistema com seu coeficiente de amortecimento crítico. Este amortecimento crítico, apresentado na Eq.(3), representa um sistema de classificação devidamente amortecido, sendo limite entre uma estrutura sub-amortecida e superamortecida (MOBLEY 1999; MCCONNELL AND VAROTO 2008).

$$c_{crit} = 2 \cdot \sqrt{k \cdot m} \qquad (3)$$

A taxa de amortecimento é dada pela equação (4). Se $\zeta > 1$ o sistema está superamortecido, enquanto $\zeta < 1$ o sistema é sub-amortecido e se $\zeta = 1$ o sistema está devidamente amortecido:

$$\zeta = \frac{c}{c_{crit}} \qquad (4)$$

Em um sistema do tipo amortecido, a frequência natural muda um pouco o seu valor, sendo chamada de frequência de ressonância amortecida do sistema (ω_d).

$$\varpi_d = \varpi_n - 2 \cdot \varpi_n \cdot \zeta^2 \qquad (5)$$

5.2 Vibração Forçada

A vibração forçada, conforme comentado anteriormente, considera a atuação de uma força externa ao sistema. Estas forças, que apesar de algumas vezes não serem forças harmônicas (transientes), podem ser convertidas em harmônicas através de transformada de Fourier (BEARDS 1996; MOBLEY 1999; KELLY 2000).

Da mesma forma que na vibração livre, a vibração forçada pode ser representado pelo equação do movimento no domínio do tempo (Equação (2)), podendo ser caracterizado por um sistema amortecido ou não amortecido (MCCONNELL AND VAROTO 2008).

Logo, assumindo a resposta na frequência ω, obtém-se o número complexo:

$$x(t) = X_0 \cdot e^{j \cdot \omega \cdot t} \tag{6}$$

Incluindo esta resposta na Equação (2) temos:

$$F_0 \cdot e^{j \cdot \omega \cdot t} = \left(c \cdot j \cdot \omega - m \cdot \omega^2 + k\right) \cdot X_0 \cdot e^{j \cdot \omega \cdot t} \tag{7}$$

Desta forma, cancelando o termo comum $e^{j \cdot \omega \cdot t}$ e isolando o vetor de resposta X_0, tem-se:

$$X_0 = \frac{F_0}{c \cdot j \cdot \omega - m \cdot \omega^2 + k} = H(\omega) \cdot F_0 \tag{8}$$

Onde $H(\omega)$, que é a função de resposta na freqüência de deslocamento (FRF – *Frequency Response Function*), ou também conhecida como Receptância, que caracteriza o comportamento do sistema perante excitação. Esta função é definida como:

$$H(\omega) = \frac{X_0}{F_0} = \frac{1}{c \cdot j \cdot \omega - m \cdot \omega^2 + k} \tag{9}$$

Para o caso acima (Receptância) o vetor de resposta utilizado na solução é o deslocamento em função da força. Porém é possível utilizar o vetor de resposta em velocidade (mobilidade) ou o vetor de resposta em aceleração (acelerância ou inertância). Estas definições são demonstradas na Tabela 5.2 (MCCONNELL AND VAROTO 2008).

Tabela 5.2 – Definição da Função de Resposta da Frequência.

Resposta	Definição	Nome
Deslocamento	x/F=H(ω)	Receptância
Velocidade	v/F=Y(ω)=j*ω*H(ω)	Mobilidade
Aceleração	a/F=A(ω)=j*ω*Y(ω)	Acelerância

Fonte: MCCONNELL AND VAROTO (2008)

Da mesma forma, pode-se considerar alternativamente que função de transferência está na forma invertida, onde se obtém, por exemplo, a força necessária para que um deslocamento ocorra. Desta forma, pode-se identificar qual são os limites operacionais de um produto ou estrutura.

Adicionalmente, esta forma inversa da função de resposta também auxilia na seleção de amortecedores e atuadores de controle. indicando qual é a força necessária que um amortecedor ou atuador de controle necessita realizar para controle de vibração.

Tabela 5.3 – Definição da Função de Resposta da Frequência em sua forma inversa.

Resposta	Definição	Nome
Deslocamento	$x/F=H(\omega)$	Receptância
Velocidade	$v/F=Y(\omega)=j*\omega*H(\omega)$	Mobilidade
Aceleração	$a/F=A(\omega)=j*\omega*Y(\omega)$	Acelerância

Fonte: McConnell and Varoto (2008)

As inversas das funções de resposta, receptancia, mobilidade e acelerância são chamadas respectivamente de rigidez (F/x), Impedância mecânica (F/v) e Massa aparente (F/a), conforme apresentado na Tabela 5.3.

Para ilustrar estas funções de transferência pode ser utilizado o diagrama de Bode que apresenta a magnitude da FRF e a fase em função da frequência.

A Figura 5.2,apresenta a comparação entre os diagramas de bode de receptância, mobilidade e acelerância de um sistema massa mola amortecedor com 1 GDL. Este diagrama representa graficamente valores de magnitude e ângulo de fase das funções, visto que as mesmas são imaginárias (MCCONNELL AND VAROTO 2008).

Figura 5.2 – Comparação de diagrama de Bode de Receptância (a), Mobilidade (b) e Acelerância(c) .

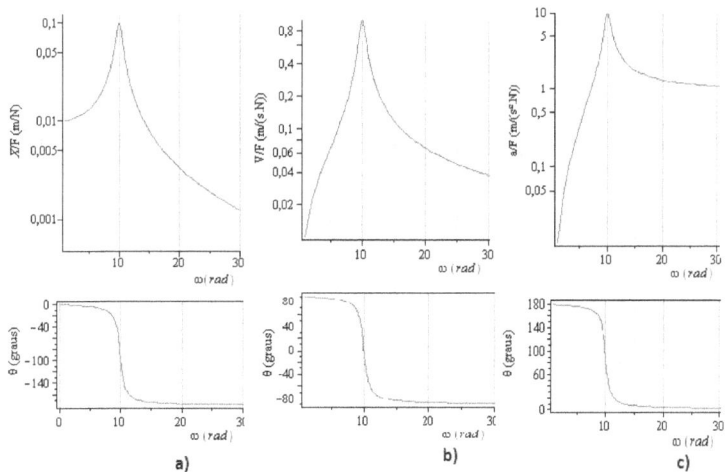

A caracterização de sistemas dinâmicos vibracionais, podem ser utilizadas técnicas tanto no domínio do tempo quanto no domínio da frequência, como é apresentado na Figura 5.3.

Este método é chamado de Resposta em frequência e será detalhado na secção 7.3.

Desta forma, torna-se possível analisar sistemas dinâmicos através da contribuição de frequências de sinal de entrada e sinal de saída.

Este método também permite que seja identificada a função de transferência do sistema ou Função de resposta em frequência (H(w)). Esta função é a identidade do sistema de forma que ao identificar esta função, pode-se prever o comportamento de um sistema perante uma nova força sem a necessidade de um novo experimento.

Figura 5.3 – Esquemático simplificado para caracterização e predição de resposta à excitação

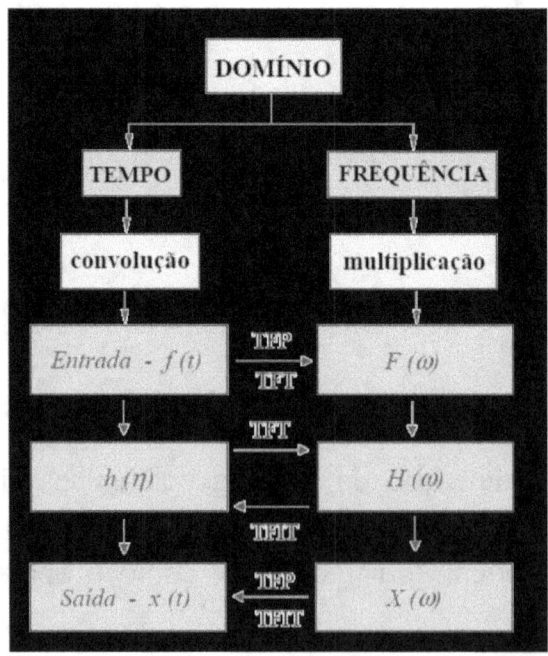

Fonte:. (MCCONNELL 2001; MCCONNELL AND VAROTO 2008)

Este processo pode ser exemplificado a seguir, onde um sistema massa-mola-amortecedor com 1 GDL (Figura 5.4.) é submetido a um carregamento de degrau de relaxação.

Figura 5.4 – Exemplo esquemático de sistema massa-mola-amortecedor

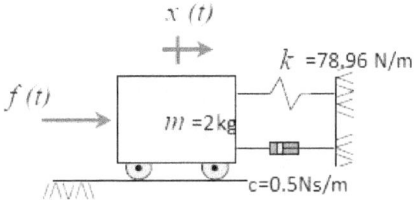

Fonte: MCCONNELL AND VAROTO (2008)

O processo de análise básico para caracterização e análise deste caso segue o fluxo apresentado na Figura 5.5.

Nesta figura, a força aplicada no sistema é apresentada no domínio do tempo, assim como as respostas no domínio da frequência da força, Função de transferência e deslocamento no domínio da frequência. Por fim, é realizada uma transformada inversa de Fourier e encontrado o deslocamento em função do tempo.

Figura 5.5 – Exemplo de processo de determinação de resposta de sistema massa-mola-amortecedor perante à ação de excitação (degrau de relaxação).

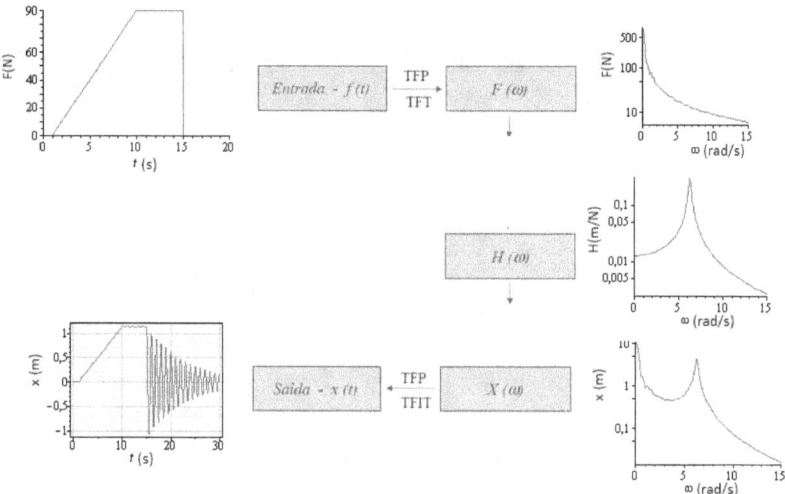

Este é o procedimento mais utilizado na análise de vibração de sistemas dinâmicos, onde a forca e o deslocamento são convertidos no domínio do tempo para o domínio da frequência, permitindo encontrar a função de transferência (H) no domínio da frequência.

5.3 Vibrações com Múltiplos Graus de Liberdade (MGDL)

Uma estrutura real pode ser representada, de maneira simplificada, por um modelo de um grau de liberdade, porém como nenhuma estrutura é completamente rígida e nenhuma mola é desprovida de massa, todas estruturas reais possuem mais de um grau de liberdade (BEARDS 1996).

Um modelo mais refinado para análise de vibração de um sistema mecânico solido dependerá do seu número de graus de liberdade, quanto maior o número de graus de liberdade, maior é o número de coordenadas necessárias para caracterizar o movimento deste sistema e todo sistema que necessita de duas ou mais coordenadas é denominado um sistema de múltiplos graus de liberdade (BEARDS 1996; MEIROVITCH 2001; MCCONNELL AND VAROTO 2008).

Um sistema com múltiplos graus de liberdade possuí mais de uma frequência natural e um modo naturais de vibração, a quantidade destes condiz com o número de graus de liberdade do sistema. Logo, quanto maior o número de graus de liberdade, maior será o número de frequências naturais encontradas e modos naturais de vibração (BEARDS 1996; MEIROVITCH 2001; MCCONNELL AND VAROTO 2008).

Assim como no sistema com 1GDL, também é válida a equação de equilíbrio da dinâmica, porém este é aplicado a diversas massas, amortecedores, coeficientes de rigidez e forças. Para resolver o sistema de múltiplos graus de liberdade há três métodos, no qual o primeiro consiste no uso da segunda lei de Newton, o segundo é pela equação de movimento da matriz de rigidez e por fim o terceiro método consiste no uso das equações de Lagrange (THORBY 2008).

A formulação matemática para um sistema com n graus de liberdade consistirá em n números de equações de movimento diferenciais ordinárias. Com a finalidade de explicar a vibração com múltiplos graus de liberdade é mostrado na Figura 5.6 um exemplo de um sistema com dois graus de liberdade, no qual o x1 e x2 são os deslocamentos, K's são os coeficientes de rigidez, m1 e m2 são as massas, c1, c2 e c3 os coeficientes de amortecimento e F1 e F2 são as forças atuantes no sistema (MEIROVITCH 2001; MCCONNELL AND VAROTO 2008).

Figura 5.6 – Exemplo de um sistema com 2 graus de liberdade

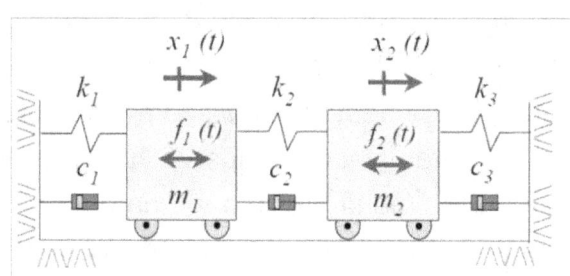

Fonte: MCCONNELL AND VAROTO (2008)

Para este exemplo cada massa possui sua própria equações de movimento diferenciais ordinárias, a equação para o primeiro corpo livre é mostrada na equação (10).

$$m_1 \cdot \ddot{x}_1 + (c_1 + c_2) \cdot \dot{x}_1 - c_2 \cdot \dot{x}_2 + K_2 \cdot (x_1 - x_2) + K_1 \cdot x_1 = f_1 \qquad (10)$$

E para o segundo corpo livre é dado mostrado pela equação (11).

$$m_2 \cdot \ddot{x}_2 - c_2 \cdot \dot{x}_1 + (c_2 + c_3) \cdot \dot{x}_2 + K_2 \cdot (x_2 - x_1) + k_3 \cdot x_2 = f_2 \quad (11)$$

Juntando as duas equações e apresentando na forma matricial temos (Equação (12)):

$$[M]\{\ddot{x}\} + [C]\{\dot{x}\} + [K]\{x\} = \{f_{(t)}\} \quad (12)$$

Onde as matrizes de massa, amortecimento e coeficiente de rigidez são representadas nas equações (13), (14) e (15), respectivamente. Além disso, $\{x\}$ representa o vetor de deslocamento, $\{\dot{x}\}$ é o vetor de velocidade e $\{\ddot{x}\}$ é o vetor de aceleração. (McConnell and Varoto 2008):

$$[M] = \begin{bmatrix} m_{11} & m_{12} \\ m_{21} & m_{22} \end{bmatrix} \quad (13)$$

$$[C] = \begin{bmatrix} c_{11} & c_{12} \\ c_{21} & c_{22} \end{bmatrix} = \begin{bmatrix} c_1 + c_2 & -c_2 \\ -c_2 & c_2 + c_3 \end{bmatrix} \quad (14)$$

$$[K] = \begin{bmatrix} k_{11} & k_{12} \\ k_{21} & k_{22} \end{bmatrix} = \begin{bmatrix} k_1 + k_2 & -k_2 \\ -k_2 & k_2 + k_3 \end{bmatrix} \quad (15)$$

Para solução das equações diferenciais ordinárias, determina-se a resposta em função da frequência onde o vetor de excitação é $f(x) = F_i \cdot e^{j\omega t}$ e o de resposta é $x_i(t) = X_i \cdot e^{j\omega t}$ com isso a equação do movimento é reduzida como mostrada na equação (16) (McCONNELL AND VAROTO 2008).

$$\begin{cases} D_{11} X_1 + D_{12} X_2 = F_1 \\ D_{21} X_1 + D_{22} X_2 = F_2 \end{cases} \quad (16)$$

Quando o termo $e^{j\omega t}$ é cancelado. É possível obter o D (Equação (17)):

$$D_{ip} = k_{ip} - m_{ip} \cdot \omega^2 + j \cdot c_{ip} \cdot \omega \quad (17)$$

O D_{ip} representa a FRF de rigidez ou a inversa da FRF de Receptância. Onde "i" indica a coordenada de medição do deslocamento (amplitude). Já o "p" representa o local de onde se aplica a força de excitação (McCONNELL AND VAROTO 2008).

5.3.1 Vibração livre não amortecida

Com intuito de determinar as frequências naturais e modos de vibração do exemplo da Figura 5.6 ,o sistema deve ser considerado sem amortecimento e sem qualquer força externa aplicada a estrutura, com isso a equação do movimento, considerando o amortecimento (c) e força (f) nulos, é mostrada a seguir (Equação (18)) (MCCONNELL AND VAROTO 2008).

$$\begin{cases} D'_{11} X_1 + D'_{12} X_2 = 0 \\ D'_{21} X_1 + D'_{22} X_2 = 0 \end{cases} \quad (18)$$

Para que as amplitudes do caso de vibração livre não amortecida não sejam nulas, o determinante da rigidez dinâmica (Δ') deve ser nulo:

$$\Delta' = D'_{11} \cdot D'_{22} - D'_{12} \cdot D'_{21} = m_1 \cdot m_2 \cdot (\omega_1^2 - \omega^2) \cdot (\omega_1^2 - \omega^2) \quad (19)$$

E as raízes da equação acima são as frequências naturais (ω_1 e ω_2) do sistema da Figura 5.6. Já a amplitude obedece à relação entre X1 e X2 conforme a equação (20) para i=1 e i=2:

$$\frac{X'_2}{X'_1} = \frac{D'_{11}}{D'_{12}} = -\frac{D'_{21}}{D'_{22}} = u_{2i} \quad (20)$$

Sabendo que u_{2i} é um parâmetro modal para a segunda coordenada e a n-ézima freqüência natural (i) (ω_i)

que é relacionada com a amplitude X(i). A equação (20) indica que para a frequência ω_i, a amplitude de deslocamento da massa está relacionada com a amplitude de deslocamento da massa 1. Este fator de amplitude descreve o modo de vibração (forma de movimento) que deve ocorrer em cada frequência natural (McCONNELL AND VAROTO 2008). Em outras palavras, o parâmetro u_{2i} representa uma proporção do movimento da massa 2 em relação as demais "i" massas.

Logo da forma matricial a equação de resposta do sistema de vibração livre não amortecido é apresentado na equação (21). As matrizes$\{u\}$ são vetores modais que determinam a forma natural do modo de frequência, e as constantes B1 e B2 são as amplitudes modais (McCONNELL AND VAROTO 2008).

$$\begin{Bmatrix} x_1 \\ x_2 \end{Bmatrix} = B_1 \begin{Bmatrix} u_{11} \\ u_{21} \end{Bmatrix} e^{j\omega_1 t} + B_2 \begin{Bmatrix} u_{12} \\ u_{22} \end{Bmatrix} e^{j\omega_2 t} \qquad (21)$$

Logo, os modos de vibração podem ser representados por:

$$[u] = \begin{bmatrix} u_{11} & u_{12} \\ u_{21} & u_{22} \end{bmatrix} \qquad (22)$$

Onde o primeiro modo é dado por $\begin{Bmatrix} u_{11} \\ u_{21} \end{Bmatrix}$ e o segundo por $\begin{Bmatrix} u_{12} \\ u_{22} \end{Bmatrix}$.

5.3.2 Vibração Forçada

A vibração forçada pode ser obtida por diversos métodos, como o método direto, no qual a amplitude é determinada abaixo na equação (23) (McConnell and Varoto 2008).

$$x_1 = \left(\frac{D_{22}}{\Delta}\right) \cdot F_1 \cdot e^{j\omega t} + \left(-\frac{D_{12}}{\Delta}\right) \cdot F_2 \cdot e^{j\omega t} \qquad (23)$$

$$x_2 = \left(-\frac{D_{21}}{\Delta}\right) \cdot F_1 \cdot e^{j\omega t} + \left(-\frac{D_{11}}{\Delta}\right) \cdot F_2 \cdot e^{j\omega t}$$

Neste caso, Δ é determinado por:

$$\Delta = D_{11} \cdot D_{22} - D_{12} \cdot D_{21} \qquad (24)$$

Com isso é possível escrever a equação (23) em termos da função de transferência de Receptância, resultando na equação (25):

$$x_1 = H_{11} \cdot F_1 \cdot e^{j\omega t} + H_{12} \cdot F_2 \cdot e^{j\omega t} \qquad (25)$$

$$x_2 = H_{21} \cdot F_1 \cdot e^{j\omega t} + H_{22} \cdot F_2 \cdot e^{j\omega t}$$

Para uma função de transferência de Receptância do tipo H_{qp}, significa que a medida do deslocamento em função da frequência está sendo medido no ponto "q" enquanto a excitação foi aplicada no ponto "p"(MCCONNELL AND VAROTO 2008).

De forma geral a matriz de Receptância do sistema pode ser representada pela equação (26):

$$[H(\omega)] = \sum_{r=1}^{N} \frac{\{u\}_r \cdot \{u\}_r^T}{m_r \cdot (\omega_r^2 - \omega^2 + j \cdot 2 \cdot \zeta_r \cdot \omega_r \cdot \omega)} \qquad (26)$$

Para o caso do sistema com dois graus de liberdade a equação da função de transferência de Receptância é representado na Figura 5.7:

Figura 5.7 – Equação das funções de transferência de receptância, apresentando os modos de vibração (MCCONNELL AND VAROTO 2008).

$$H_{11}(\omega) = \frac{u_{11} u_{11}}{m_1\left(\omega_1^2 - \omega^2 + j\, 2\varsigma_1 \omega_1 \omega\right)} + \quad \text{1º Modo}$$

$$+ \frac{u_{21} u_{21}}{m_2\left(\omega_2^2 - \omega^2 + j\, 2\varsigma_2 \omega_2 \omega\right)} \quad \text{2º Modo}$$

$$H_{12}(\omega) = \frac{u_{11} u_{12}}{m_1\left(\omega_1^2 - \omega^2 + j\, 2\varsigma_1 \omega_1 \omega\right)} + \quad \text{1º Modo}$$

$$+ \frac{u_{21} u_{22}}{m_2\left(\omega_2^2 - \omega^2 + j\, 2\varsigma_2 \omega_2 \omega\right)} \quad \text{2º Modo}$$

Na Figura 5.8 é apresentado o gráfico de função de transferência do H11 e do H12 sendo que as frequências naturais do sistema são os picos destes gráficos. Sabendo que o sistema possui dois GDL é possível afirmar que possuí duas frequências naturais. Os vales representados no gráfico são os chamados anti-ressonância, que quando aplicados à estrutura excitada sua amplitude diminuí drasticamente(MCCONNELL AND VAROTO 2008):

Figura 5.8 – Gráfico de funções de transferência de receptância e seus modos de vibração (MCCONNELL AND VAROTO 2008).

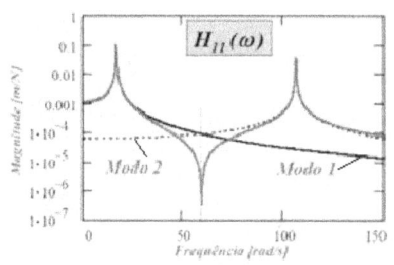
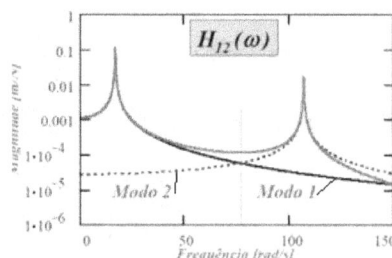

5.4 Análise Modal

A análise modal é um método experimental no qual é possível identificar o comportamento dinâmico da estrutura em estudo, ou seja, conhecer as características dinâmicas assim como frequência natural, amplitudes, modos de vibração e coeficientes de amortecimento(MCCONNELL 2001; MCCONNELL AND VAROTO 2008).

Para determinar o movimento vibracional de uma estrutura são selecionados ao longo dela N pontos. Onde serão medidas as amplitudes causadas quando aplicada uma força a diversas frequências em um dos pontos determinados. Em cada um dos pontos da estrutura se obtêm uma amplitude diferente(MCCONNELL 2001).

Logo, através deste método, pode-se simplificar uma estrutura complexa e contínua em um sistema com número determinado de graus de liberdade. Desta forma, o número máximo de modos de vibração, que podem ser identificados, está relacionado ao número de pontos medidos na estrutura(McCONNELL 2001).

Figura 5.9 – Barra livre segmentada.

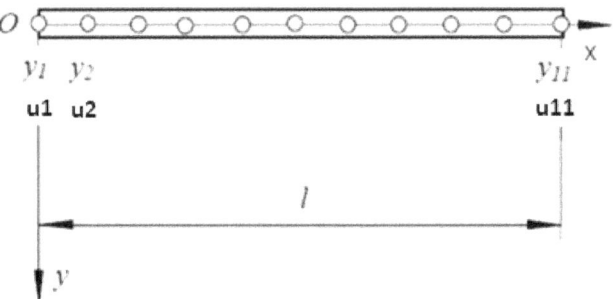

Para melhor explicar o método de análise modal na Figura 5.9 é apresentada uma barra livre dividida em diversos segmentos, onde este número de segmentos determina o número de graus de liberdade(McCONNELL 2001; McCONNELL AND VAROTO 2008).

O vetor do modo de vibração do sistema é dado pela equação (27) (McCONNELL 2001; McCONNELL AND VAROTO 2008).

$$[u] = [\{u_1\}, \{u_2\}, \,,\,, \{u_N\}] \tag{27}$$

Nesse método, u_N corresponde ao n-ésimo ponto modal e n-ésima freqüência natural, e devida a estes pontos terem propriedade ortogonal à estrutura, tem- se as matrizes de rigidez, massa e amortecimento diagonais conforme equações, (28), (29) e (30)(McCONNELL 2001; McCONNELL AND VAROTO 2008).

$$[u]^T \cdot [k] \cdot [u_N] = [k]_{diag} \tag{28}$$

$$[u]^T \cdot [m] \cdot [u_N] = [m]_{diag} \tag{29}$$

$$[u]^T \cdot [c] \cdot [u_N] = [c]_{diag} \tag{30}$$

Para a n-ésima frequência natural, relaciona-se os n-ésimos modos de rigidez e massa, conforme equação (31). Consequentemente, o fator de amortecimento pode ser descrito conforme equação(32) (McCONNELL 2001; McCONNELL AND VAROTO 2008).

$$\varpi_n = \sqrt{\frac{k_n}{m_n}} \qquad (31)$$

$$\zeta_n = \frac{c_n}{2 \cdot \sqrt{k_n \cdot m_n}} \qquad (32)$$

Por fim, pode-se identificar o modelo físico em função de coordenadas generalizadas para ponto único de excitação (MCCONNELL 2001; MCCONNELL AND VAROTO 2008).

$$K_n \cdot q_n + c_n \cdot \dot{q}_n + m_n \cdot \ddot{q}_n = F_n \qquad (33)$$

Sendo:

m_n- n-ésimo elemento modal de massa

q_n- n-ésimo elemento modal de coordenada generalizada

c_n- n-ésimo elemento modal de amortecimento

K_n- n-ésimo elemento modal de rigidez

F_n- n-ésimo elemento de força

Logo, pode-se determinar a resposta da barra conforme modo de vibração e coordenada modais generalizadas(MCCONNELL 2001; MCCONNELL AND VAROTO 2008).

$$K_n \cdot q_n + c_n \cdot \dot{q}_n + m_n \cdot \ddot{q}_n = F_n \tag{34}$$

Logo, pode-se determinar a resposta da barra conforme modo de vibração e coordenada modais generalizadas(MCCONNELL 2001; MCCONNELL AND VAROTO 2008):

$$v(x,t) = \sum_{n=1}^{N} Y_n(x) \cdot q_n(t) \tag{35}$$

Assim, ao aplicar o teorema de Sturm-Liouville, que apresenta que modos de vibração são ortogonais quando ponderados com distribuição de massa e rigidez, obtém-se a solução para a função de receptância $H_{pn}(\omega)$ conforme equação (36) (MCCONNELL 2001; MCCONNELL AND VAROTO 2008):

$$H_{pn}(\omega) = \sum_{q=1}^{N} \left[\frac{\varphi_{pq} \cdot \varphi_{pn}}{k_q - m_q \cdot \omega^2 + j \cdot c_q \cdot \omega} \right] \cdot P_n \cdot e^{j\omega t} = \frac{U_p(\omega)}{P_n(\omega)} \tag{36}$$

Desta forma, pode-se indicar o modo de vibração (modal shape) através da parte imaginária das funções de transferência (Figura 5.10)

Figura 5.10 – Ilustração de definição de modo de vibração através de análise de parte imaginária de funções de transferência com excitação em mesma coordenada modal

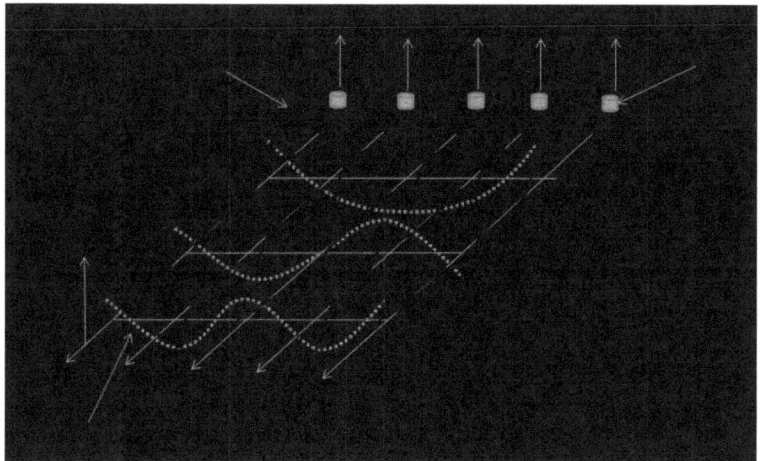

6 Amortecimento

Neste capítulo serão discutidos e apresentados os principais tipos de amortecimento encontrados em sistemas de amortecimento e materiais. Adicionalmente, serão apresentadas técnicas de caracterização de amortecedores e amortecimento de material, sendo possível, assim, a modelagem e projeto de sistemas conforme tais características.

6.1 Tipos de Amortecimento

Amortecimento é a propriedade de um material ou sistema de dissipar energia mecânica, transformando-a em outro tipo de energia, geralmente sonora ou de calor. O amortecimento está presente em qualquer sistema real e pode ser causado por diversos tipos de mecanismos como: Atrito interno do material, resistência hidráulica, atrito através de deslizamento entre estruturas e juntas do sistema, entre outros (GATTI AND FERRARI 1999; HARRIS AND PIERSOL 2002).

Criar um modelo matemático que simule de maneira real o amortecimento de um sistema estrutural é complexo, visto que além de possuir diversas fontes de amortecimento em um único sistema, a propriedade de amortecimento deve ser medida dinamicamente, enquanto que a rigidez e a inércia do sistema pode ser medido estaticamente. Outro aspecto que aumenta a complexidade de criar um modelo para o amortecimento é que esta propriedade possui um comportamento não linear dependendo de diversos fatores como temperatura, carregamento, frequência de excitação (GATTI AND FERRARI 1999; EWINS, RAO ET AL. 2002).

Pode-se indicar que apesar da importância de amortecedores, literatura convencional relacionada à vibração apresentam somente equações diferenciais considerando amortecimento viscoso. Como resultado de somente um coeficiente de amortecimento viscoso, o tipo de amortecimento linear é mais simples para se exemplificar modelos dinâmicos. Neste caso, coeficientes de amortecimento viscoso apresenta unidade igual a N.s/m.

Figura 6.1 – Exemplo de diagramas de força em relação a deslocamento e velocidade de amortecimento viscoso (a) e amortecimento de Coulomb(b)

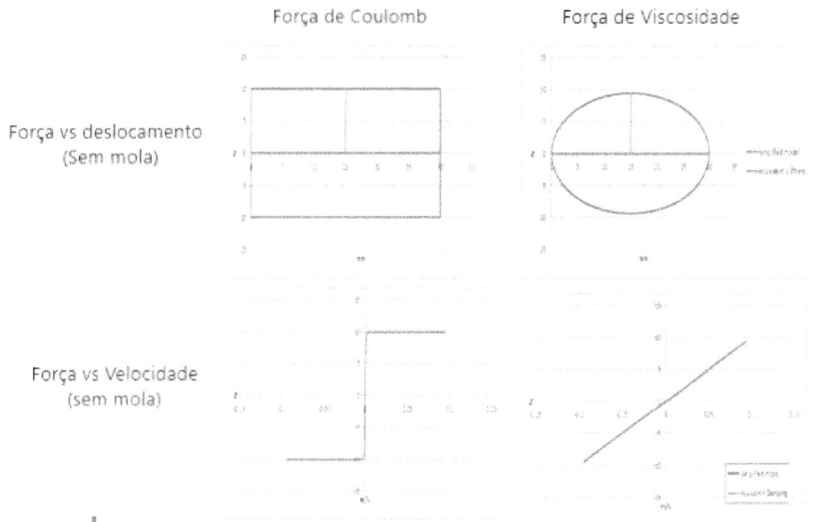

Contudo, aplicações práticas exigem que outros modelos de sejam utilizados. A Figura 6.1 apresenta um comparativo de força amortecimento viscoso e de Coulomb (atrito) em função de velocidade e deslocamento, considerando um movimento senoidal.

Contudo, este tipo de comportamento de força em função de deslocamento e velocidade são modificados quando se considera um elemento de rigidez (mola) ao sistema. Esta situação é comumente encontrada, logo diagramas Figura 6.1 são dificilmente encontrados na prática.

Figura 6.2 – Exemplo de diagramas de força em relação a deslocamento e velocidade de amortecimento viscoso (a) e amortecimento de Coulomb(b)

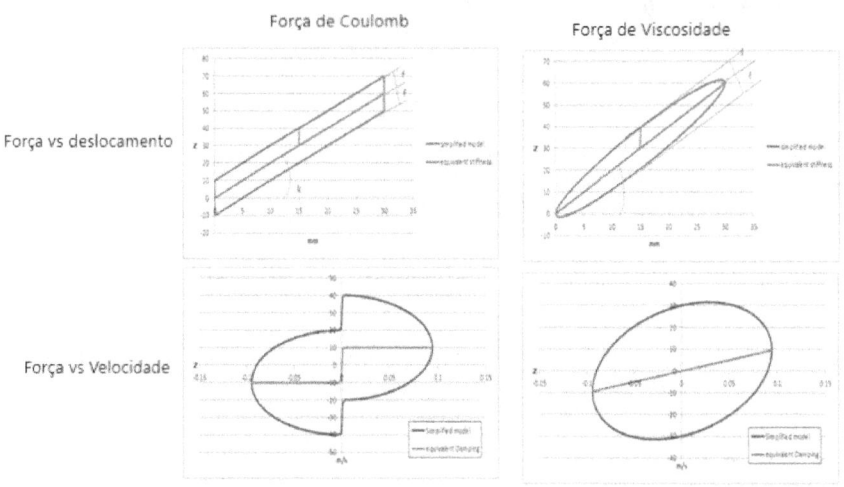

Ao incluir rigidez ao sistema, a relação entre força, deslocamento e velocidade resulta nos diagramas exemplificados na Figura 6.2.

Nesta figura pode-se identificar que a rigidez proporciona a inclinação dos diagramas de força em função do deslocamento, além de abertura de circunferências em diagramas de força em função de velocidade.

Deve-se também indicar que ambos os tipos de amortecimento proporcionam características distintas de resposta em frequência.

Figura 6.3 – Exemplo de força no domínio de frequência de amortecimento de Coulomb (a) e viscoso(b)

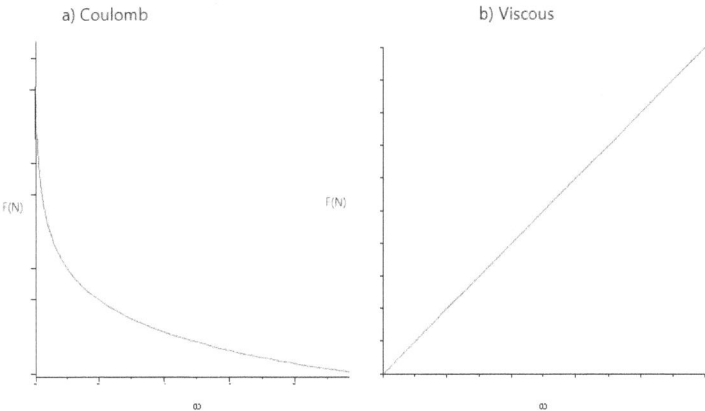

Por este motivo, cada tipo de amortecimento proporciona comportamentos bem distintos em sistemas mecânicos e estruturais.

As principais fontes de amortecimento em sistemas estruturais estão destacadas na Figura 6.4. Nesta figura, as fontes de amortecimento são classificadas em interno e externo (EWINS, RAO ET AL. 2002).

Figura 6.4 – Esquemático das Principais fontes de amortecimento em sistemas Estruturais.

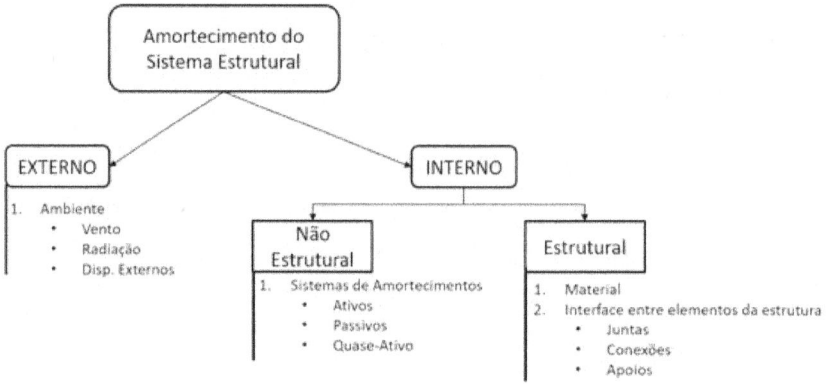

As fontes externas que podem gerar dissipação de energia são provenientes do ambiente em que o sistema mecânico se encontra, como o vento atuante na estrutura, temperatura ambiente e fluidos ao redor de estruturas imersas.

Entre as fontes internas de amortecimento, encontram-se amortecimento proveniente de componentes estruturais e não estruturais. Entre os componentes estruturais, destacam-se o amortecimento dos materiais dos elementos das estruturas e amortecimento causado por interface entre componentes. Por exemplo, o atrito entre juntas e conexões é destacado como principal tipo de amortecimento de interface entre componentes (EWINS, RAO ET AL. 2002).

Entre os tipos de amortecimento de elementos não estruturais, podem ser sistemas de amortecimento e elementos complementares.

Os sistemas de amortecimento tem como que tem o objetivo específico de aumentar o amortecimento da estrutura, enquanto os elementos complementares são componentes integrantes da edificação que proporcionam amortecimento de forma indireta, como caixa d'água em topo de edifício (EWINS, RAO ET AL. 2002).

Visto que o amortecimento do material é uma das principais fontes de dissipação de energia de um sistema estrutural, diversos modelos numéricos são estudados para representar o comportamento real de materiais de forma adequada.

A Figura 6.5 apresenta alguns dos modelos mais utilizados em modelos matemáticos de materiais, assim como alguns aspectos resultantes de um comportamento de amortecimento não linear de um material.

Figura 6.5 – Esquemático das Principais modelos de amortecimento de material.

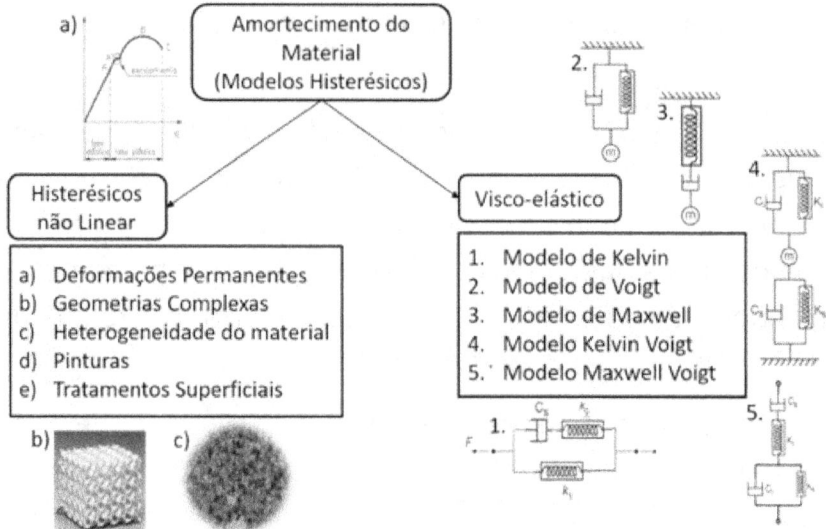

Outra abordagem de modelagem de amortecimento estrutural é o amortecimento de Rayleigh.

Neste tipo de modelo, o amortecimento é uma função de massa e rigidez, sendo a taxa de amortecimento variável em função da frequência. Pode-se indicar que o amortecimento de Rayleigh é uma combinação de amortecimento viscoso (rigidez proporcional) e amortecimento de Coulomb (massa proporcional), conforme é apresentado na Figura 6.6.

Com o objetivo de determinar a dissipação de energia de um material, podem ser plotados gráficos tensão deformação de carregamento e descarregamento do material que formam loops histerésicos.

A área desses loops representa a perda de energia do material, apesar desta perda variar conforme a temperatura, carregamento entre outras propriedades.

Figura 6.6 – Amortecimento de Rayleigh

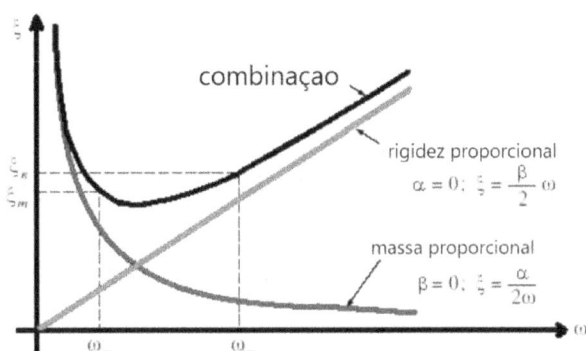

Estudos apontam uma faixa de perda média de energia de cada material, a Tabela 6.1 apresenta a faixa média de fator de perda de energia de alguns materiais (BEARDS 1996).

Outra fonte de amortecimento apresentada na Figura 5.5 é o amortecimento causado pela interface entre os elementos estruturais. Esta interface pode resultar em diversos tipos de amortecimentos como: atrito seco, atrito molhado, atrito Viscoso, atrito visco-elástico, entre outros (WOJEWODA, STEFAŃSKI ET AL. 2008).

Tabela 6.1 – Faixa média de perda de energia de materiais.

Material	Fator de Perda
Alumínio	0.00002-0.002
Liga de alumínio	0.0004-0.001
Aço	0.001-0.008
chumbo	0.008-0.014
Borracha Natural	0.1-0.3
Borracha Dura	1.00
Vidro	0.0006-0.002
Concreto	0.01-0.06

Fonte: BEARDS (1996)

Ao longo dos anos, diversos estudos vêm sendo realizados com o intuito de desenvolver modelos que represente o comportamento histerésico de amortecimentos de interface, como atrito seco, atrito molhado, atrito viscoso e visco-elástico. Alguns destes modelos são apresentados na Tabela 6.2.

Tabela 6.2 – Modelos Histerésicos de amortecimentos gerados através do encontro de interfaces de elementos estruturais de um sistema mecânico.

Modelo	Descrição	Ref.
$F = N \cdot f_c \cdot sinal(v)$	Atrito Seco	[1, 2]
$F = b \cdot v$	Atrito Viscoso	[2]
$F = \left(1 + \dfrac{F_{brk} - F_c}{F_c} \cdot exp\left(-\dfrac{|v|}{C_v}\right)\right) \cdot sinal(v) + b \cdot v$	Modelo Exponencial	[1]
$F = \left(1 + \dfrac{F_{brk} - F_c}{F_c} \cdot exp\left(-\left(\dfrac{v}{C_v}\right)^2\right)\right) \cdot sinal(v) + b \cdot v$	Modelo Gausiano	[1, 3]
$F = \left(1 + \dfrac{F_{brk} - F_c}{F_c} \cdot exp(-\alpha \cdot |v|^\delta)\right) \cdot sinal(v) + b \cdot v$	Exponencial Generalizada	[1]
$F = \left(F_c + (F_{brk} - F_c) \cdot exp(-\alpha \cdot |v|^\delta)\right) \cdot sinal(v) + b \cdot v$	Exponencial Generalizada 2	[2, 3]
$F = \left(1 + \dfrac{F_{brk} - F_c}{F_c} \cdot \dfrac{1}{1 + \left(\dfrac{v}{C_v}\right)^2}\right) \cdot sinal(v) + b \cdot v$	Modelo Laurentzian	[1]
$F = \left(F_c + \dfrac{F_{brk} - F_c}{1 + \left(\dfrac{v}{C_v}\right)^2}\right) \cdot sinal(v) + b \cdot v$	Modelo Hess e Soom	[3]
$F = \left(1 + \dfrac{F_{brk} - F_c}{F_c} \cdot \left(\dfrac{1}{1 + \eta_1 \cdot |v|} + \dfrac{\eta_2 \cdot v^2}{F_{brk} - F_c}\right)\right) \cdot sinal(v) + b \cdot v$	Modelo Popp-Stelter	[1, 3]
$F = \left(F_c + (F_{brk} - F_c) \cdot exp(-c_v \cdot |v|)\right) \cdot sinal(v) + b \cdot v$	Modelo Simplificado Gausiano	[1]

Fontes: [1] WOJEWODA, STEFAŃSKI ET AL. (2008);[2] ANDERSSON, SÖDERBERG ET AL. (2007);[3] ARMSTRONG-HÉLOUVRY, DUPONT ET AL. (1994)

Onde:

N é forca normal [N]

b é coeficiente de amortecimento viscoso [N.s/m]

v é a Velocidade [m/s]
F_brk é o atrito estático [N]
F_c é a força de coulomb [N]
F é a força total de amortecimento [N]
f_c Coeficiente de coulomb

Cv, η_1 e η_2 são coeficientes de decaimento de efeito de Stribeck

Figura 6.7 – Exemplo de diagrama de força- velocidade de amortecimento histerésico exponencial

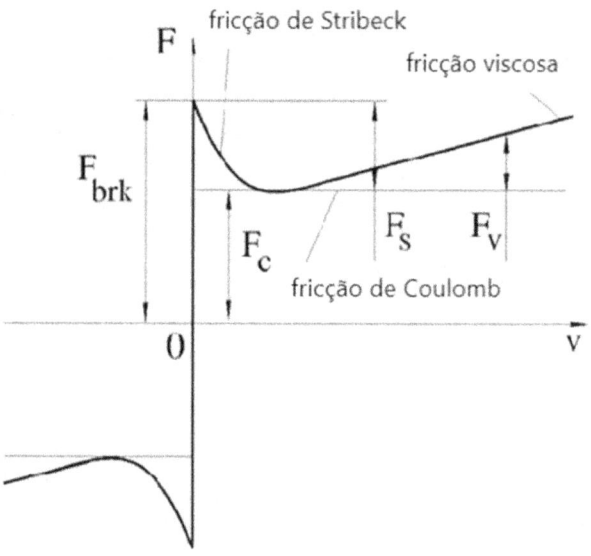

Nestes modelos, pode-se considerar que força de amortecimento são funções dependentes de velocidade e deslocamento, sendo que o modelo de amortecimento elasto-visco-friccional mais utilizado é o exponencial, Figura 6.7.

Figura 6.8 – Exemplo de diagramas de força, deslocamento, velocidade de amortecimento elasto-visco-friccional

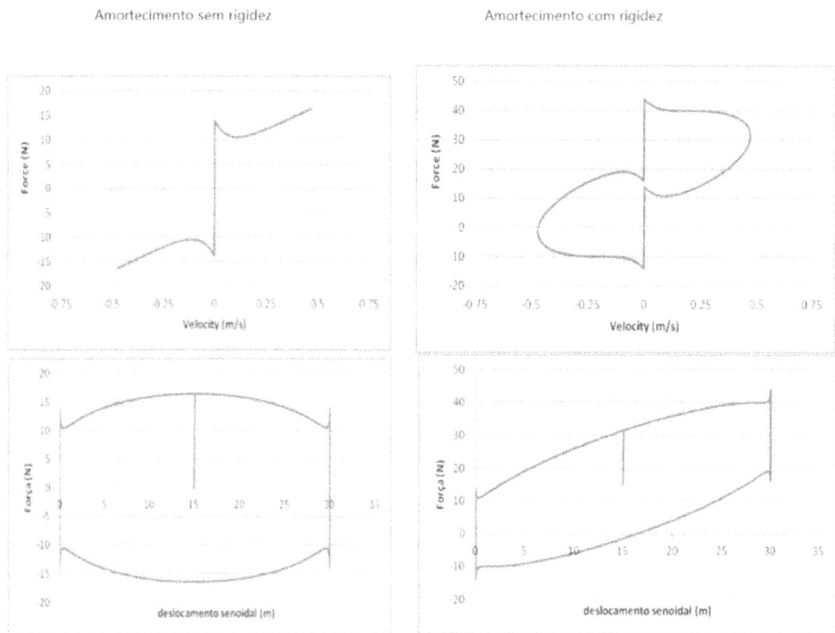

Da mesma forma que outros tipos de amortecimento, a inclusão de rigidez implica em alteração do comportamento do sistema, conforme apresentado Figura 6.8. Nota-se que os picos de força ocasionados na mudança de direção se devem ao atrito estático e efeito stribeck.

Pode-se ainda indicar que este tipo de modelo é mais próximo da realidade, implicando em geração de frequências picos de frequência devido a descontinuidade gerada na mudança de sentido de movimento (WESLEY MACHADO CUNICO AND DESIREE MEDEIROS CAVALHEIRO 2019).

6.2 Métodos de Medição de amortecimento

O amortecimento é uma das propriedades de vibração de estruturas mais complexas de simular, com isso faz se necessário constante validação dos modelos criados através da medição experimental (BEARDS 1996; CHOWDHURY 1999; EWINS, RAO *ET AL.* 2002).

6.2.1 Decremento Logarítmico

Um dos métodos mais diretos para determinar o amortecimento é através do decremento logarítmico. Nesse, o deslocamento de uma estrutura submetida a um carregamento de impulso ou degrau de relaxação é monitorado em função do tempo. Logo, perda de amplitude do movimento harmônico é analisada de forma à prever o decaimento logarítmico e taxa de amortecimento da estrutura, conforme apresentado na Figura 6.9.

Uma das formas de se avaliar o amortecimento de uma estrutura por este método é a partir do decaimento de duas amplitudes sucessivas em função do tempo. Com isto, pode-se calcular o decremento logarítmico, taxa de redução logarítmica, relacionada com a redução do movimento após o impulso (dissipação de energia), conforme apresentado na Eq. (37) (BEARDS 1996; CHOWDHURY 1999; EWINS, RAO *ET AL.* 2002).

Figura 6.9 – Gráfico da resposta de vibração livre no tempo.

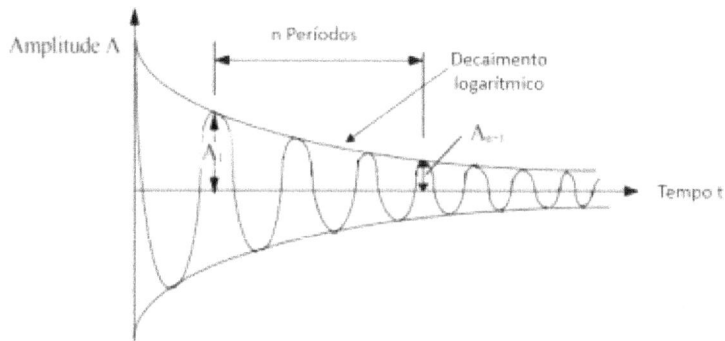

Fonte: Adaptado de CHOWDHURY (1999)

O gráfico da figura acima é medido através de acelerômetros localizados em um ou mais pontos da estrutura. Sabendo de A_1 é a amplitude inicial e A_{n+1} representa a amplitude depois de n ciclos, o decremento logarítmico é calculado conforme apresentado abaixo:

$$\delta = \frac{1}{n} \cdot \log\left[\frac{A_1}{A_{n+1}}\right] \tag{37}$$

Outra forma de identificar o amortecimento através de decaimento logarítmico é através de métodos de regressão não linear onde o teste de bondade de ajuste (*Goodness Fitting*) identifica coeficientes da regressão. Destacam se os trabalhos de LEPAGE, HOPPER *ET AL.* (2010), LEPAGE, DELGADO *ET AL.* (2008) e YUJI AND KAZUHIRO (2012) que utilizam o método citado acima para o desenvolvimento de modelo de amortecimento para a análise não linear de elementos em concreto armado e em concreto protendido.

6.2.2 Dissipação de Energia

Um outro método de medição do amortecimento é através da análise de energia de dissipação do sistema ou material. Normalmente, avalia-se o comportamento histerésico de um material ou sistema através de análise dos gráficos de tensão-deformação, forca-deslocamento ou força-velocidade do sistema sob carregamento cíclico.

Por exemplo, pode-se obter um gráfico de loop histerésico conforme apresentado na Figura 6.10, onde a área desse loop representa a quantidade de energia dissipada neste ciclo de carregamento.

Neste caso, pode-se identificar a energia de dissipação através da integral definida

$$E_{dissipation} = \int F_{damper} \cdot dx \qquad (38)$$

Para tal, utiliza-se de máquinas de ensaio universais que permitem carregamento e descarregamento para identificação de forças em função de deslocamento e velocidade, Figura 6.11.

Figura 6.10 – Gráfico de tensão deformação (típico loop histerésico) de um sistema mecânico.

Outras formas de realizar esta caracterização é através de sistemas rotacionais, que proporcionam a análise de força em função à rotação do mecanismo, como é apresentado no esquemático da Figura 6.12.

Nesta figura, um sistema biela-manivela é acionado por motor elétrico, onde o deslocamento linear é aplicado ao amortecedor.

Os esforços de reação deste amortecedor são coletados através do transdutor de força, possibilitando a análise de força por deslocamento, velocidade e aceleração

Figura 6.11 – Foto de amortecedor sendo caracterizado em máquina de ensaio de tração com carregamento e descarregamento

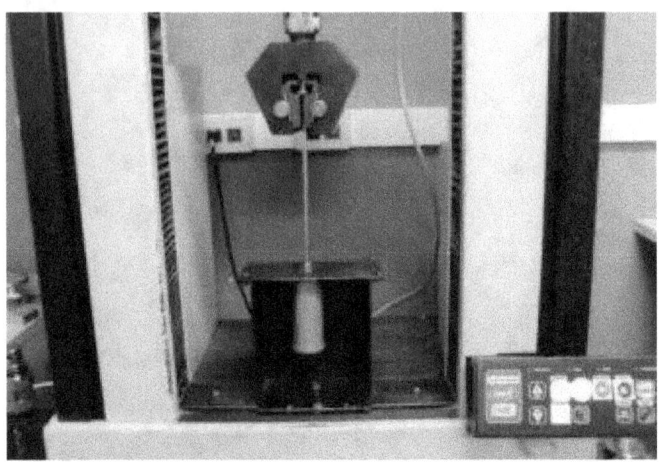

Neste tipo de sistema, há a inércia do mecanismo, devendo ser considerados no cálculo de força do amortecedor.

Figura 6.12 – esquemático de sistema biela-manivela

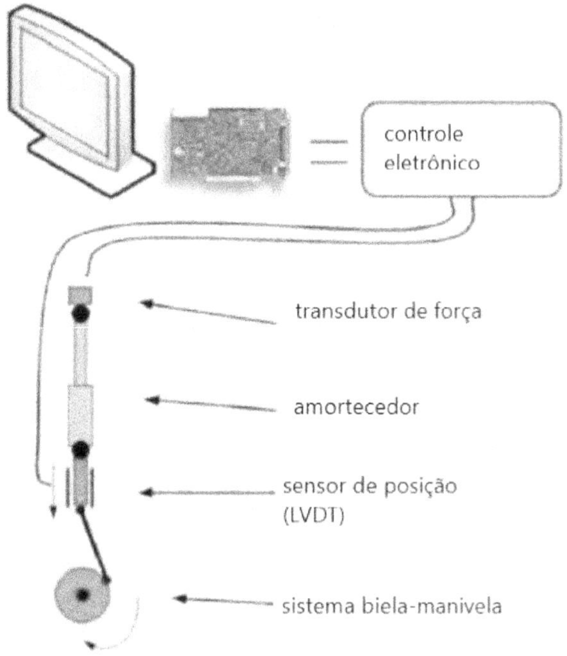

6.2.3 Análise de Meia largura de banda

Além dos métodos citados anteriormente, é possível destacar o método da largura de Banda. Este método consiste em obter a taxa de amortecimento através da análise da largura de banda $(\omega_2 - \omega_1)$ obtida no gráfico da ressonância da estrutura quando submetida à uma excitação harmônica conforme apresentada na Figura 6.13.

Figura 6.13 – Gráfico de resposta do espectro em função da frequência.

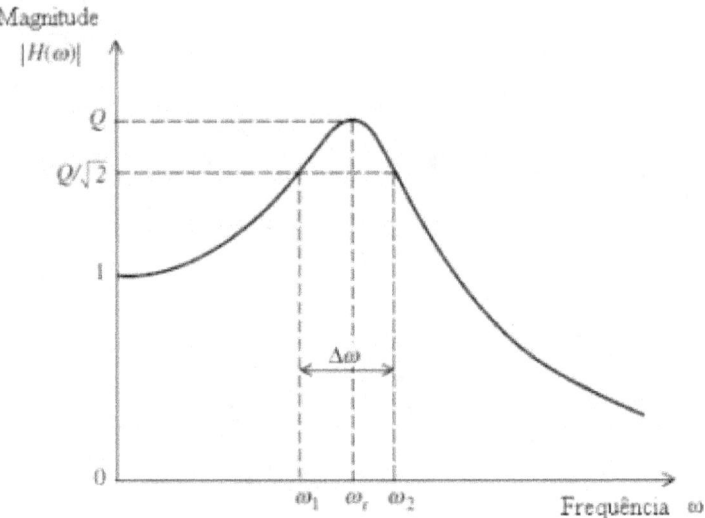

O valor da frequência pode ser relacionado com a largura de banda da seguinte maneira:

$$\frac{1}{Q} = \frac{\omega_2 - \omega_1}{\sqrt{3} \cdot \omega_r} \qquad (39)$$

$$Q = \frac{\pi}{\delta} \qquad (40)$$

6.2.4 Método de caracterização por regressão não linear

Outro método de caracterização de amortecimento é através de regressão linear e análise de ajuste de bondade (Goodness Fitting), também chamada de fitagem não linear.

Neste método, dados experimentais são comparados com dados de modelos de amortecimento baseados em coeficientes, pesos e tendências. A comparação entre experimental e numérico é realizada por meio do método ajuste de bondade, onde um valor de índice de determinação R^2 indica nível de correlação entre experimento e modelo:

$$R^2 = \frac{\sum(y_n - x_n)^2}{\sum(y_n - \bar{y})^2} \qquad (41)$$

onde

x_n é valor do modelo

y_n é valor do experimental

$\bar{y}$ é média de valor experimental

Com o objetivo de identificar os coeficientes do modelo numérico que proporcionam maior R^2 (correlação entre modelo e experimento), é realizado um estudo de otimização multivariável que é descrita por maximização de função de custo

$$\max R^2(a_1, a_2, \ldots, a_n)$$

Sujeito à:

$$Li_1 \leq a_1 \leq Ls_1$$

$$Li_2 \leq a_2 \leq Ls_2$$

...

$$Li_n \leq a_n \leq Ls_n$$

$$Lri_n \leq r_n \leq Lrs_n$$

onde:

a_n é n-ésimo coeficiente, peso ou tendência do modelo

Li_n é o n-ésimo limite inferior correspondente ao n-ésimo coeficiente, peso ou tendência do modelo

Ls_n é o n-ésimo limite superior correspondente ao n-ésimo coeficiente, peso ou tendência do modelo

r_n é n-ésima restrição geral do problema de otimização

Lri_n é o n-ésimo limite inferior correspondente à n-ésima restrição geral do problema de otimização

Lrs_n é o n-ésimo limite inferior correspondente à n-ésima restrição geral do problema de otimização

Como exemplo de aplicação deste método, vamos apresentar a caracterização de um amortecedor elasto-visco-friccional através do método de regressão linear.

Neste caso, o amortecedor foi posto a prova por um sistema biela-manivela (Figura 6.12) variando a rotação de 0 a 500rpm e uma amplitude de curso de movimento fixa. Logo, a velocidade de movimento do amortecedor varia de forma senoidal em função da rotação.

Para caracterização deste amortecedor, foi escolhido modelo de amortecimento elasto-visco-friccional exponencial:

$$F_{total} = [F_c + (F_{brk} - F_c) \cdot \exp(c_v \cdot |v|] \cdot sign(v) + bv + Kx \quad (42)$$

Onde

Fc é o coeficiente de Coulomb

Fbrk é o coeficiente estático

Cv é o decaimento de Stribeck

b é o coeficiente viscoso

K é a rigidez da mola

F é a força total de amortecedor

v é a velocidade instantânea do amortecedor em função do tempo

x é o deslocamento do amortecedor em função do tempo

Após processo de otimização, foi possível identificar valor de R^2 igual a 0.985, correspondendo a 98% de correlação entre modelo e dados experimentais.

Na Figura 6.14, é apresentado um comparativo entre dados experimentais e dados obtidos através do modelo numérico. Nesta figura, diagramas de força-deslocamento e força-velocidade são apresentados para o sistema de amortecimento completo.

Adicionalmente, esta figura também apresenta a decomposição dos sistemas de acordo com elementos acumulativos (rigidez) e dissipativos (amortecimento).

Logo, sendo possível a identificação individualizada da contribuição de cada um dos componentes para o sistema de amortecimento.

Figura 6.14 – Diagramas de força-deslocamento e força-velocidade de sistema de amortecimento elasto-visco-friccional completo e decomposição de rigidez e amortecimento

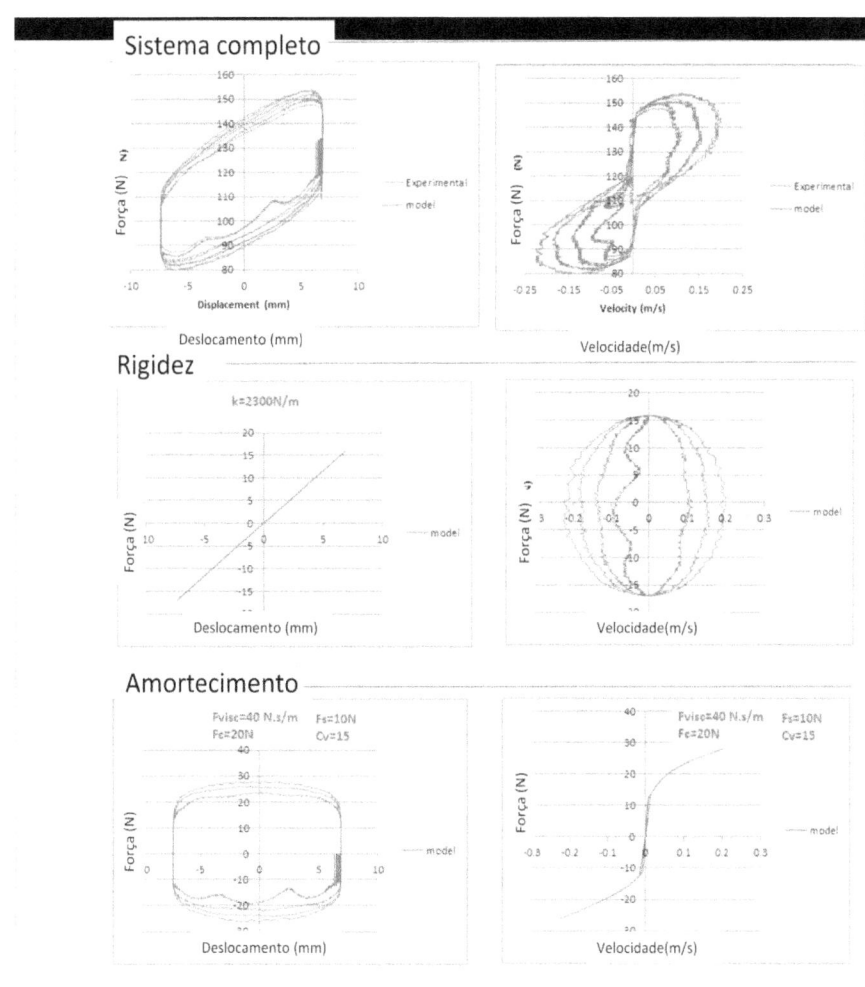

7 Fundamentos de Análise Experimental Aplicados à Vibrações

Nesta seção será apresentado um levantamento dos principais métodos análise experimental aplicados a vibrações em estruturas e sistemas mecânicos.

7.1 Características de Análise de vibrações experimental

Pode-se também identificar que a análise de vibração de um sistema pode ser realizada através da quantidade de pontos de excitação e pontos de leitura, podendo ser com:

- um ponto de entrada e um ponto de saída (single input Single Output - SISO)
- um ponto de entrada e múltiplos pontos de saída (multiple input Multiple output - SIMO)
- múltiplos pontos de entrada e múltiplos pontos de saída (multiple input Multiple output - MIMO)
- múltiplos pontos de entrada e múltiplos pontos de saída (multiple input Multiple output - MIMO)

Desta forma, torna-se possível a identificação das características de vibração do sistema.

Pode-se indicar que entre as principais características a serem consideradas em análise vibracional de sistemas destacam-se:

- Análise de amplitude vibração
- Análise de faixa de operação
- Análise de percepção de vibração

Com relação à análise de amplitude de vibração, métodos de caracterização de sistema no tempo e na frequência auxiliam na determinação de amplitudes, trajetórias, deslocamentos, velocidades e acelerações do sistema. Como será apresentado neste capítulo, a análise de vibração pode ser realizada de forma determinística ou aleatória, considerando estado de regime ou estado transiente para análises determinísticas. Desta forma, a definição e correlação entre fatores de excitação e respostas do sistema perante estas excitações podem ser caracterizadas. Assim, sendo possível identificar e prever comportamentos do sistema.

Por outro lado, a faixa de operação vibracional de um sistema é condicionada à fadiga e desgaste ocasionado pela vibração, assim como da resistência do sistema ao deslocamento máximo proporcionado pela vibração. Assim como na análise de amplitude de vibração, a determinação de faixa de operação pode ser analisada no domínio do tempo ou no domínio da frequência. Contudo, indica-se a utilização de análise em domínio da frequência devido a facilidade e quantidade de informações proporcionadas por este método ser maior do que das análise no domínio do tempo.

Com relação à percepção de vibração, estudos foram realizados com relação à forma de percepção que pessoas apresentam em relação às vibrações de produtos e estruturas.

Figura 7.1 – Diagramas de percepção de vibração em função de amplitude, aceleração e frequência.

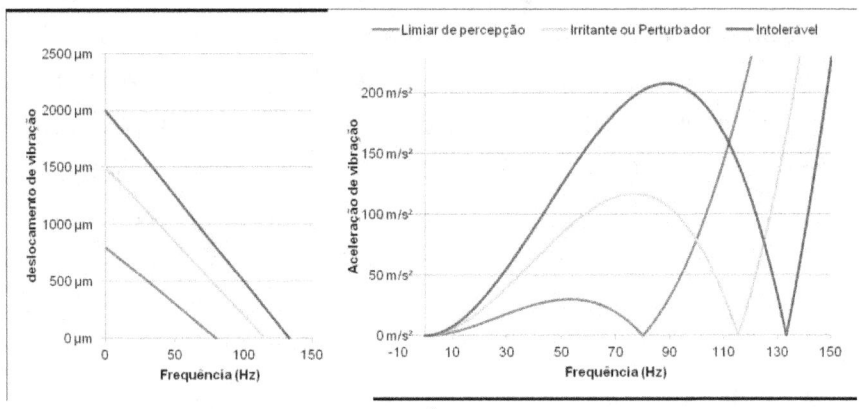

Embora diversos métodos são aplicados, e algumas normas específicas identificam limites de vibração, pode-se identificar como regra geral que a percepção de vibração é uma função da frequência, amplitude e aceleração da vibração, Figura 7.1. Estes critérios são fundamentais pois velocidade do sistema, força inercial, ruído e impacto vibracional podem ser derivados destas características básicas.

7.2 Análise de resposta no tempo

Antes do advento dos analisadores espectrais, a maioria das análises de vibração eram realizadas no domínio do tempo. Contudo, ao considerar os avanços computacionais e redução de custos de analisadores espectrais, análise de vibrações no domínio do tempo caíram em desuso, sendo que atualmente algumas das técnicas mais básicas de caracterização de vibração e detecção de falhas mecânicas devido a vibração ao longo do tempo ainda são utilizadas.

Na Figura 7.2, uma relação das principais técnicas de análise de vibração e caracterização de formato de onde aplicados em análises no domínio do tempo.

Nesta figura, são apresentadas técnicas em 3 principais categorias: 1) sinais sem tratamento; 2) métodos baseados em filtros; 3) métodos estocásticos e avançados.

Figura 7.2 – Técnicas de análise de vibração no domínio do tempo

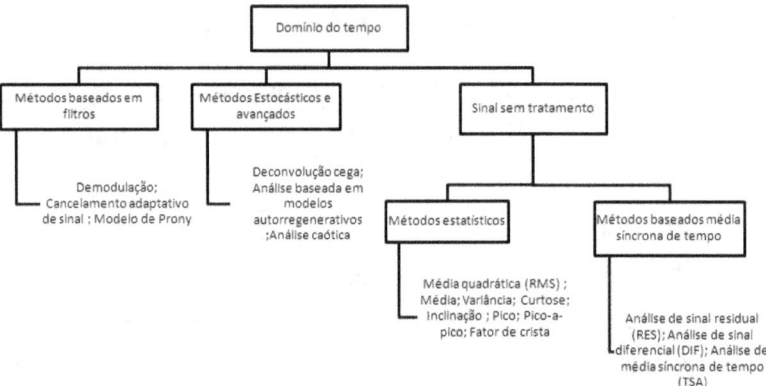

Contudo, este livro irá abortar somente as técnicas mais utilizados de forma prática: a análise estatística de sinais sem tratamento. Neste caso, iremos detalhar as características de:

- Média quadrática (RMS)
- Análise de Pico
- Análise de Pico a Pico
- Análise de médias e médias móveis
- Fator de crista

Com relação à análise de pico ou análise de amplitude de sinal, a Figura 7.3 apresenta uma ilustração da representação geométrica dá o valor de amplitude ou pico de sinal.

Neste caso, o valor de amplitude é marcado pela metade da diferença entre o valor máximo e o valor mínimo de um sinal ao longo do tempo.

$$A = Vpk = \frac{1}{2}[\max(v(t)) - \min(v(t))] \tag{43}$$

Figura 7.3 – Unidades comuns de medida de DFT.

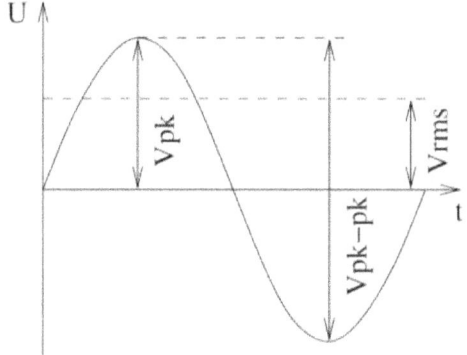

Já o valor de pico a pico do sinal é dado pela diferença entre os valores máximo e mínimo de uma função ao longo do tempo.

$$A = V_{pk-pk} = [\max(v(t)) - \min(v(t))] \tag{44}$$

Por outro lado, os valores de médias quadradas (RMS) são caracterizados por ser o desvio padrão do sinal, destacando, comumente, valores de continuidade do sinal e regime do sistema. Este valor é definido como:

$$V_{RMS} = \sqrt{\frac{1}{T}\int_0^T (v(t) - \bar{v})^2 dt} \qquad (45)$$

Neste caso, T é o período de análise, enquanto $\bar{v}$ é a média do sinal ao longo deste tempo de análise. Neste caso:

$$\bar{v} = \frac{1}{T}\int_0^T v(t)\, dt \qquad (46)$$

Considerando que aquisição de dados digitaliza e discretiza os sinais contínuos, o valor de média quadrática (RMS) discreto e média de um sinal é:

$$V_{RMS} = \sqrt{\frac{1}{N}\sum_{n=0}^{N-1}(v(n) - \bar{v})^2} \qquad (47)$$

$$\bar{v} = \frac{1}{N}\sum_{n=0}^{N-1} v(n)$$

Já o valor de crista é marcado por ser a proporção entre o valor de pico e valor RMS. Esta técnica normalmente é utilizada para identificar a natureza impulsiva do sinal ou sistema. Ou seja, é uma técnica que detecta picos de sinal que curta duração que normalmente não alterariam o sinal V_{RMS}.

$$V_{crista} = \frac{V_{pk}}{V_{RMS}} \tag{48}$$

Outra técnica utilizada para evidenciar e isolar picos impulsivos ou de choque é a análise de curtose do sinal. Esta técnica é marcada por ser o quarto momento estatístico de um sinal, isolando e amplificando picos de sinal. A descrição desta técnica para sinais contínuos é:

$$V_{Curtose} = \frac{\frac{1}{N}\sum_{n=0}^{N-1}(v(n) - \bar{v})^4}{V_{RMS}^4} \tag{49}$$

Enquanto para sinais discretos:

$$V_{Curtose} = \frac{\frac{1}{T}\int_0^T (v(t) - \bar{v})^4 dt}{V_{RMS}^4} \tag{50}$$

Como exemplo de aplicação, a vibração de um mancal foi monitorada ao longo de 5 minutos, durante este período, utilizou-se de técnicas de análise de vibração estatística de períodos de 10 em 10 segundos e incremento de tempo de 0.01 segundos. Ou seja, a 10 segundos, uma análise de médias, RMS, crista, e curtose é gerada, de forma a proporcionar uma avaliação de continuidade de operação em função da vibração. Adicionalmente, foi identifica uma perturbação do sistema no tempo 120s de forma a ser evidenciada em cada uma das técnicas. Desta forma, torna-se possível observar o potencial de aplicação e análise de vibração no domínio do tempo.

Neste exemplo, são apresentadas as principais análises de caracterização de vibração no domínio do tempo, onde o valor de pico-a-pico variou entre 14 e 16mm. Já a média do sinal variou entre -0.5 e 0.5mm. O valor de média quadrática RMS foi observado entre 2.7 e 3.3mm, enquanto valor de crista ficou entre 4.5 e 5.5mm. Por último, foi observado que o valor de curtose ficou entre 2.5 e 3.1mm.

Durante o momento da perturbação, foi possível observar média com pico de 2.5mm, RMS com 4.75mm, pico-a-pico de 21 mm e curtose de 3.5mm. Neste caso, a perturbação não teve natureza impulsiva, não sendo detectada pela análise de crista.

Figura 7.4 – Exemplo de monitoramento de mancal com análise estatística no tempo com período de 10 segundos.

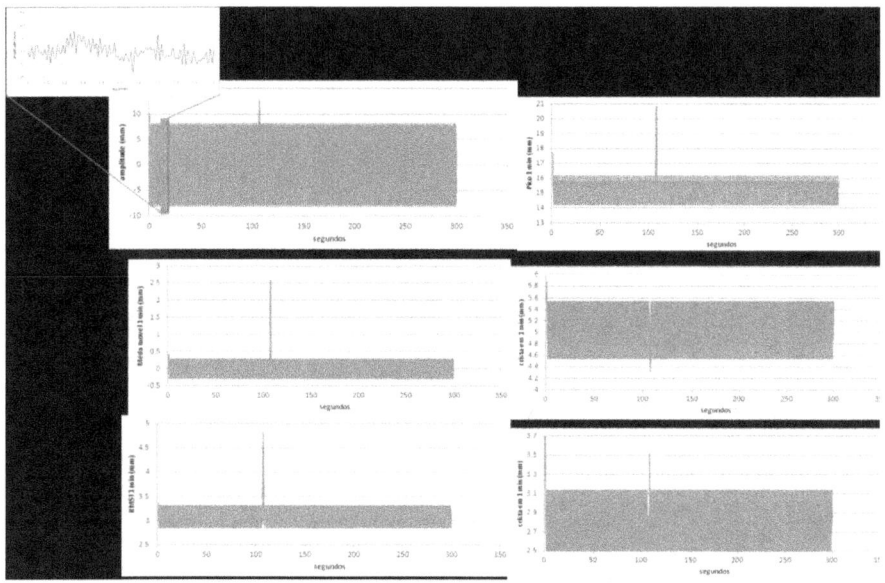

Através destas técnicas, pode-se identificar condições adversas em equipamentos, assim como distúrbios que causam quebra de regime de operação de um equipamento.

Pode-se também indicar que análise de vibração no domínio do tempo também pode ser realizada com objetivo de análise de performance de equipamentos, estruturas mecanismos e servomecanismos. Neste caso, normalmente se utiliza de análise transiente degrau, impulso e degrau de relaxação.

Logo, condições de variações entre estados podem ser identificados, como por exemplo: sobressinal, tempo de resposta, amortecimento.

Por exemplo, a Figura 7.5 apresenta a resposta no tempo de um sistema de 1 GDL cuja excitação de força é do tipo degrau. Neste caso, pode-se identificar critérios de performance, como sobressinal, subssinal, tempo de resposta e tempo de subida.

Figura 7.5 – Exemplo de performance de sistema de 1 GDL perante a degrau de força no domínio do tempo.

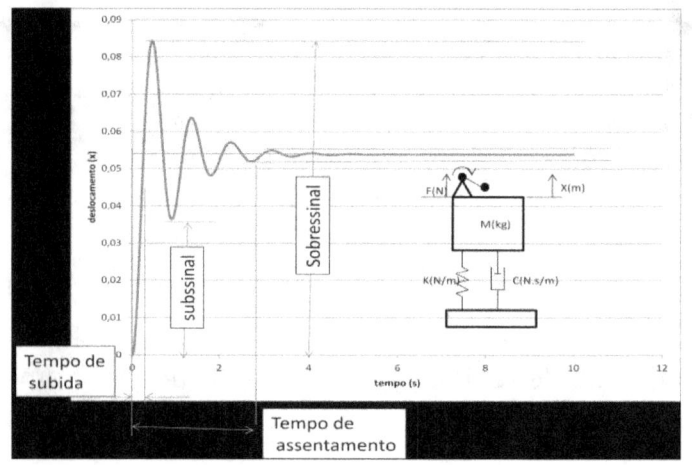

Pode-se destacar que entre as grandes vantagens de se utilizar análise de vibrações no domínio do tempo é a simplicidade e facilidade de implementação. Desta forma, torna-se possível detectar equipamentos que estão em final de vida útil ou em mal funcionamento.

Contudo, métodos no domínio do tempo ainda são ineficientes para detecção de defeitos a tempo de reparo e manutenção preventiva. Desta forma, faz-se necessária o emprego de técnicas mais sofisticadas para detecção e predição de defeitos e comportamentos de equipamentos.

Embora existam ainda outras formas de análise de vibrações e análise de sistemas dinâmicos no domínio do tempo, atualmente é muito mais usual a utilização de análise de resposta na frequência.

7.3 Análise de resposta em frequência

Problemas dinâmicos e de vibração são extremamente complicados de ser analisados, onde um sistema massa-mola-amortecedor forçado implica em equações diferencias ordinárias não homogêneas.

Logo, o desenvolvimento de técnicas que permitam a análise destes sistemas de forma simples é de tremenda importância.

Como visto anteriormente, a análise de problemas vibracionais e dinâmicos no tempo caíram em desuso após a popularização de analisadores espectrais.

Mas porque estes métodos caíram em desuso, e porque análise em frequência permitem análises mais precisas e úteis sob o ponto de vista de caracterização, controle, monitoramento e projeto?

Esta seção busca apresentar conceitos relacionados a análise de resposta em frequência, assim como as principais característica em que se pode extrair deste método. Entre os métodos, pode-se destacar:

- Frequências naturais (ressonâncias)
- faixa de operação
- frequências de corte
- Amplitude de resposta
- Amortecimentos modais
- amortecimento crítico
- Componentes de frequência
- Funções de transferência
- rigidez dinâmica
- indutância mecânica
- Massa aparente
- receptância
- mobilidade
- inertância

Uma das formas de se resolver equações diferencias é através de Transformação de Laplace. Desta forma se pode indicar o comportamento de um sistema no domínio de Laplace.

Ao considerar um sistema em domínio de Laplace, pode-se expressar o mesmo de forma simples através de:

$$X(s) = F(s) \cdot G(s) \tag{51}$$

Neste caso, a resposta do sistema X(s) é um resultado da multiplicação entre a entrada do sistema F(s) e a função de transferência do sistema H(s).

Inicialmente, resposta em frequência foi desenvolvida para análise de sistemas em regime. Ou seja, onde a fonte de excitação ou estímulo do sistema é constante.

Logo, temos como definição:

Resposta de um sistema linear dinâmico com função de transferência igual a G(s) resulta em uma função complexa (G(jω)) com frequência angular real ω≤0.

Ou seja, se H(s) for um sistema estável, onde os polos apresentam parte real negativa), uma entrada de sinal u(t)=A sen(ωt) irá resultar em y(t)=A |G(jω)| sen(wt + /G(jω)). Um esquemático deste teorema é apresentado na Figura 7.6.

Figura 7.6 – Exemplo de resposta de sistema em frequência

Podemos comprovar este teorema através do esquemático apresentado na Figura 7.7. Nesta figura, pode-se identificar uma excitação ou estímulo senoidal irá resultar em uma resposta senoidal, baseada na magnitude da função de transferência e ângulo de fase de função de transferência.

Figura 7.7 – Comprovação de teorema de resposta em frequência

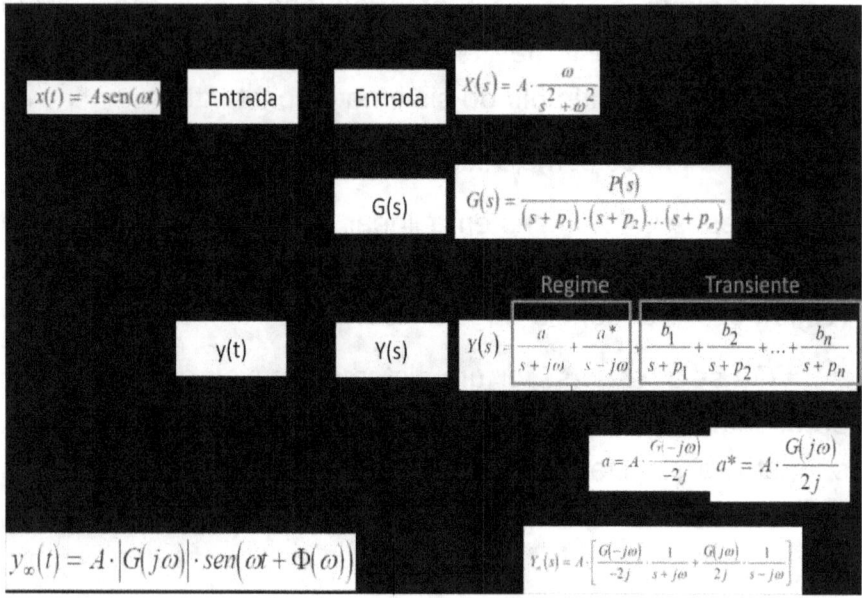

Logo, torna-se possível identificar que um sistema excitado em regime pode ser caracterizado no domínio da frequência.

Como consequência, pode-se identificar que em vez de aplicar uma transformada de Laplace, pode-se caracterizar um sistema através de Transformada de Fourier.

Adicionalmente, ao aplicar teorema de Euler (Eq. (52)), pode-se indicar que a transformada de Fourier se torna, de forma prática, uma soma de senos e cossenos.

$$e^{-j\omega t} = \cos(\omega t) - j\sin(\omega t) \tag{52}$$

$$u(t) = a_0 + \sum Re\{G(\omega)\} \cos(\omega t + \Phi(G(\omega))) - j\, Im\{(G(\omega)\} sen(\omega t + \Phi(G(\omega))) \tag{53}$$

Logo, é possível identificar que a magnitude e ângulo de fase através de:

$$|F(s)| = \sqrt{Re(F(\omega)^2 + Im(F(\omega)^2} \tag{54}$$

$$F(\omega) = \tan^{-1} \frac{Im(F(\omega))}{Re(F(\omega))} \tag{55}$$

Sabendo disto, as 3 formas mais comuns de se analisar sistemas é através de diagrama de Bode, diagrama de Nyquist e diagrama de Nichols.

Com relação à diagrama de Bode, este é o tipo de método mais utilizado e consolida a magnitude e ângulo de fase em função da frequência. Um exemplo deste tipo de diagrama é apresentado na Figura 7.8.

Figura 7.8 – Exemplo de diagrama de Bode.

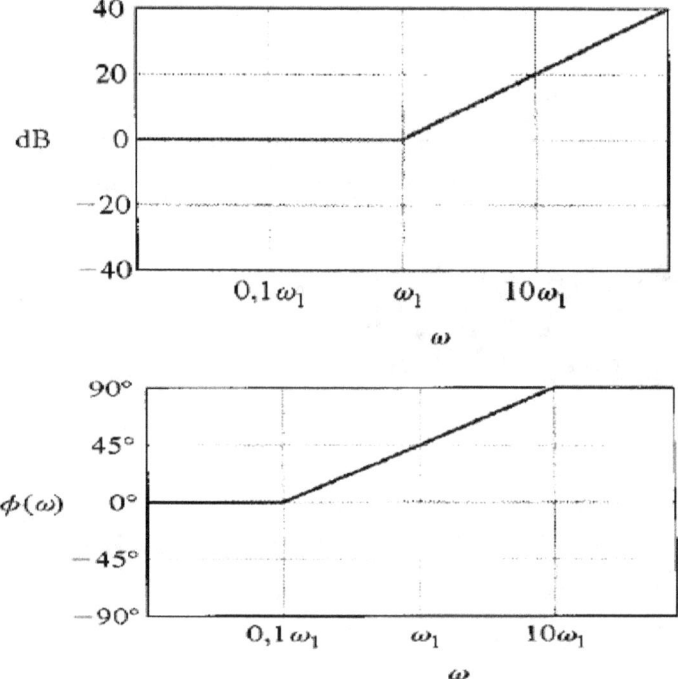

Faz-se necessário identificar que normalmente os diagramas de Bode apresentam escala de magnitude logarítmica em decibéis. Logo, todos os valores de magnitude são valores logarítmicos relativos a um valor de referência, como apresentado abaixo.

$$\left|\frac{V_o}{V_i}\right|_{dB} = 20 \log_{10} \left|\frac{V_o}{V_i}\right| \tag{56}$$

Através de Diagrama de Bode torna-se possível identificar valores de frequências ressonância do sistema. Neste caso, o sinal de saída aumenta gradativamente quando excitado na frequência de ressonância até o ponto de colapso. Desta forma, pode-se identificar se faixa de operação de um equipamento, produto, ou estrutura está fora de frequência de ressonância.

A Figura 7.9 apresenta um exemplo de sistema que apresenta 7 frequências de ressonâncias entre a faixa de frequência de 20 a 800Hz.

Figura 7.9 – Exemplo de identificação de frequências de ressonância de um sistema.

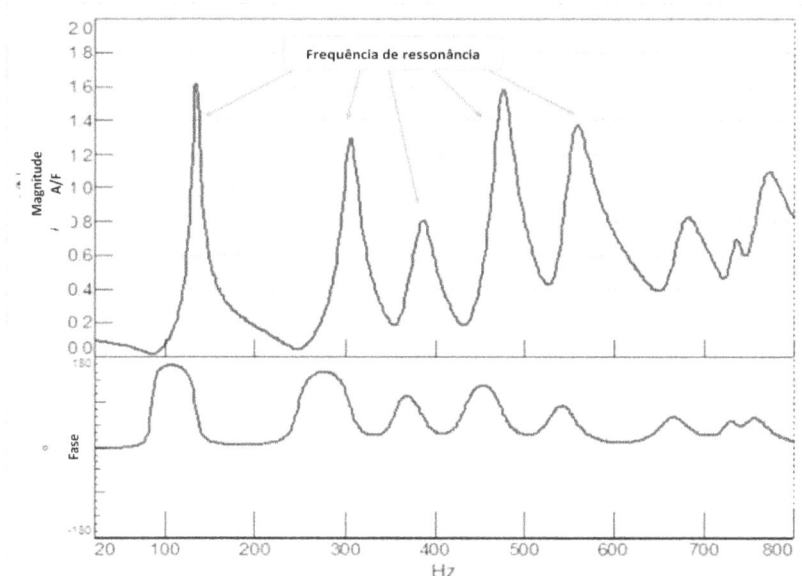

Com isto, pode-se indicar que se, por exemplo, este sistema operar em uma frequência de 250Hz, a resposta tenderá uma aceleração igual a zero. Este ponto de vale é chamado de **antiressonância**, pois é a frequência em que tende a resultar menor resultado de amplitude no sistema.

Neste caso, pode-se também indicar que cada frequência de ressonância corresponde a um ângulo de fase. Logo, pode-se indicar que se for adicionado uma força adicional ao sistema na mesma frequência da ressonância e um ângulo de fase defasado em 180°, tem-se um **sistema de cancelamento**.

Outro aspecto de análise relacionada à frequência de ressonância é a **taxa de amortecimento modal**.

Neste caso, o **amortecimento** é caracterizado pela relação entre a faixa de frequência 3 dB abaixo do pico de ressonância e a frequência de ressonância.

Em contraste, **a frequência de corte** corresponde à frequência em que a magnitude da resposta em frequência indicada a -3dB da magnitude de referência do sistema.

Considerando que a resposta em frequência implica na somatória de senos e cossenos. pode-se indicar a **reconstrução de sinal** através de série de Fourier. Neste caso, os coeficientes de Fourier resultam das magnitudes de sinal em cada frequência. Adicionalmente, atribui-se o angulo de fase para cada um dos termos da série de Fourier. Um exemplo deste tipo de abordagem é ilustrado na Figura 7.11

Figura 7.10 –Exemplo de Taxa de amortecimento e frequência de corte.

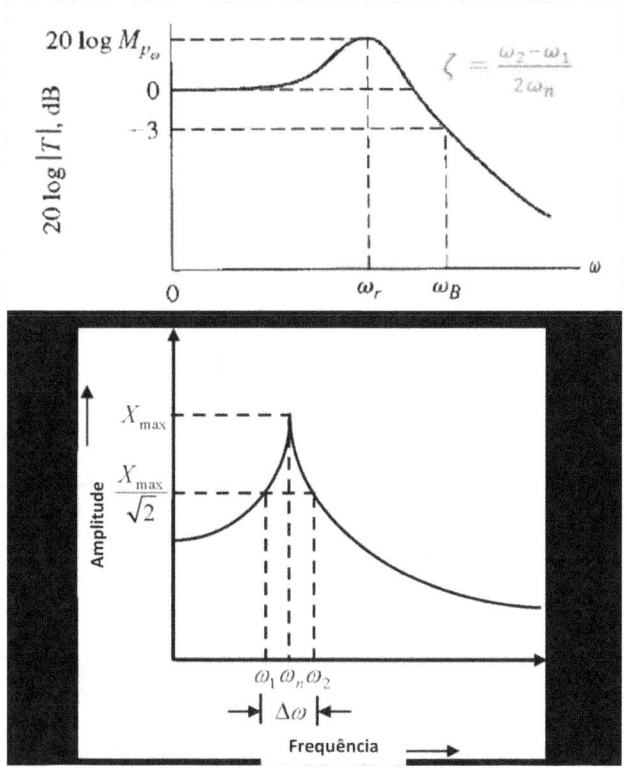

Através deste método, pode-se também extrair valores equivalentes aos métodos estatísticos no domínio do tempo, como **Pico, Pico-Pico, RMS**. Contudo, de uma forma mais precisa, pois cada um destes resultados pode ser decomposto por frequência.

Logo, ao monitorar um sistema ao longo de um período de tempo, o surgimento de novas frequências de resposta proporciona a indicação de desgastes no sistema. Esta indicação proporciona, ao contrário da análise no domínio do tempo, uma previsão antecipada de condição do sistema. Com isto, permitindo a realização de **manutenções preditivas e preventivas**.

Figura 7.11 –Exemplo de reconstrução de sinal através de análise de espectro de frequência

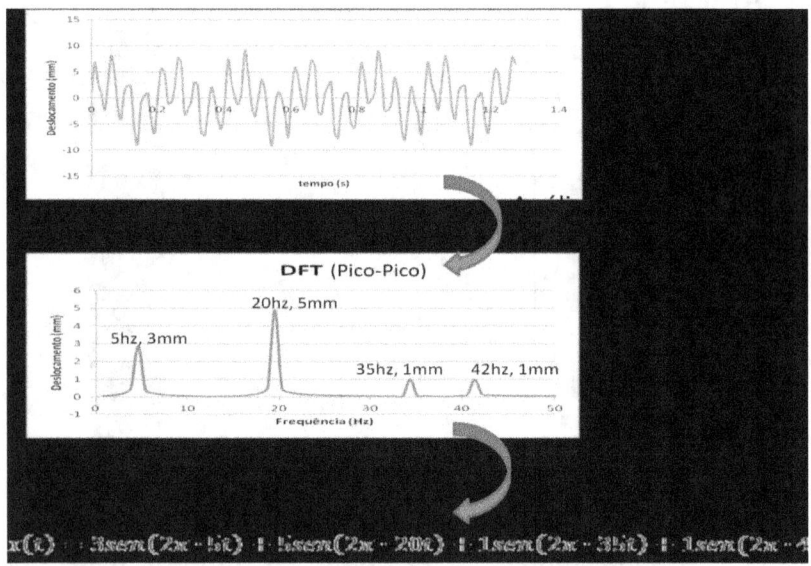

Outro ponto importante de ser analisado em resposta em frequência é relacionada à análise **modal de estruturas**.

Neste caso, a parte imaginária correspondente a uma frequência corresponde à **forma modal** do ponto medido, como pode ser observado na secção 5.4.

Pode-se também indicar que a análise de resposta em frequência também proporciona a **construção simbólica de funções de transferência**.

Adicionalmente, análise de funções de transferência em frequência proporcionam a identificação de **critérios dinâmicos do sistema**, como rigidez dinâmica, indutância mecânica e massa aparente do sistema.

Ou seja, no caso de rigidez dinâmica do sistema, a resposta em frequência irá identificar qual a magnitude de forma aplicada numa determinada frequência que resultará no deslocamento de sistema em 1 unidade. Isto indica quão robusto o sistema é em relação aos esforços e frequências de excitação.

Outro ponto extremamente importante em relação à análise em frequência é a identificação entre a **coerência do sistema** corresponde à **correlação linear** entre os sinais de entrada e saída.

Neste caso, pode-se indicar se um sinal de saída proporciona uma resposta equivalente à entrada dos sistemas, ou se o mesmo foi mais influenciado por ruídos ambientes ou do sistema.

A coerência pode ser definida como:

$$\gamma^2(f) = \frac{|G_{AB}(\omega)|^2}{G_{AA}(\omega) \cdot G_{BB}(\omega)} \tag{57}$$

Onde:

$G_{AA}(f)$ é a autocorrelação do sinal de entrada

$G_{BB}(f)$ é a autocorrelação do sinal de saída

$G_{AB}(f)$ é a correlação cruzada entre sinal de entrada e sinal de saída

$\gamma^2(f)$ é a coerência do sistema

Por sua vez, a autocorrelação é caracterizado pela correlação cruzada do sinal com ele mesmo. onde:

$$C_{21}(\omega) = X_1(\omega) \cdot X_2^*(\omega) \tag{58}$$

considerando que:

$C_{21}(\omega)$ é autocorrelação de $X_1(\omega)$ com $X_2^*(\omega)$

$X_1(\omega)$ é o sinal no domínio da frequência

$X_2^*(\omega)$ é a parte conjugada de $X_2(\omega)$

Logo, pode-se indicar o nível de correlação variando entre 0 e 1. Neste caso, quanto menor a coerência, maior a influência do sistema perante ruídos. Um exemplo deste tipo de análise é apresentado na Figura 7.12.

Normalmente, sinais com níveis muito baixos tendem a ser mais suscetíveis a ruídos. Por outro lado, torna-se importante que em análises experimentais de vibrações, haja uma alta coerência para ressonâncias, e faixas operacionais.

Figura 7.12 –Exemplo de Coerência de análise de sistema de resposta

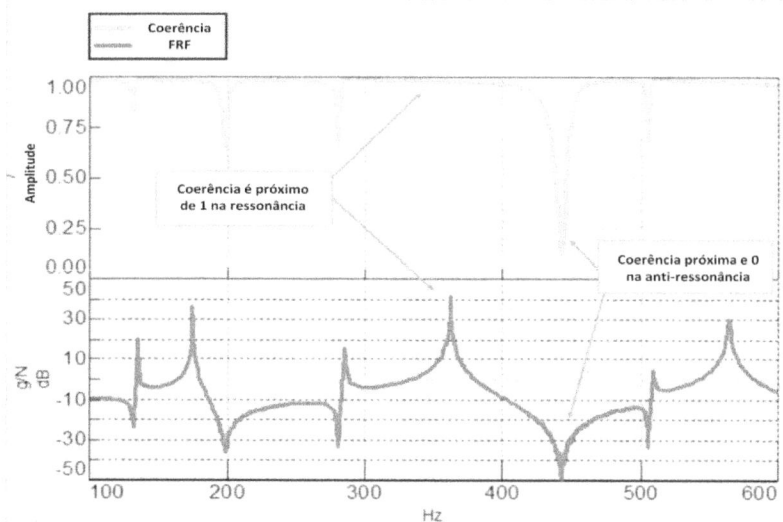

7.4 Métodos básicos de Caracterização

Existem diversas maneiras de caracterizar dinamicamente uma estrutura, o método varia conforme o tipo de carregamento (Determinístico e Aleatório) aplicado a estrutura. Cada tipo de carregamento (sinal) necessita de uma análise adequada. Os tipos de carregamentos estão citados na Figura 7.13 (MCCONNELL AND VAROTO 2008).

O carregamento determinístico pode ser classificado em periódico ou transiente. O primeiro, é um sinal que se repete em um tempo, este sinal geralmente é associado a carregamento de maquinários em velocidades constantes. Já o sinal transiente é caracterizado por uma atividade intensa em um curto período, este tipo de sinal possui um início e um fim determinado e tem a característica de excitar todas as frequência naturais da estrutura, carregamentos como degrau de relaxação e impactos são exemplos deste tipo de sinal (MCCONNELL AND VAROTO 2008).

Os carregamentos aleatórios podem ser classificados como estacionários e não estacionários. Os sinais estacionários possuem parâmetros constantes que descrevem o comportamento do sinal. Já os sinais não estacionários possuem parâmetros que dependem do tempo (MCCONNELL AND VAROTO 2008).

Por fim os sinais caóticos são carregamentos que não seguem padrão, não sendo possível adotar parâmetros para caracterizar seu comportamento, um dos métodos mais utilizados para analisar este sinal é o estocástico. A análise estocástica trata o sinal através de métodos probabilísticos (JULIANI 2014).

Figura 7.13 – Classificação de tipos de carregamentos dinâmicos (Excitação e Resposta).

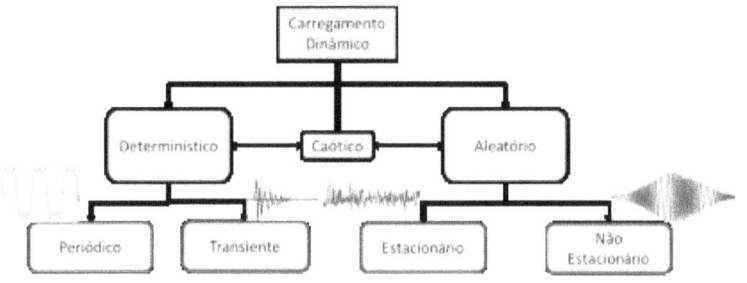

Fonte: MCCONNELL AND VAROTO (2008)

7.4.1 Degrau de Relaxação

O método de degrau de relaxação é caracterizado pela aplicação de um sinal transiente chamado degrau de relaxação (*Step Relaxation Technique*), este é aplicada sob a estrutura em estudo e a resposta deste ensaio é analisada através da função de resposta na frequência ou no tempo (MCCONNELL AND VAROTO 2008).

A excitação consiste na aplicação lenta de uma força sendo considerada estática e em seguida é descarregada rapidamente, e pode ser ilustrada na abaixo.

Figura 7.14 – Esquema de excitação por degrau representado por F(t).

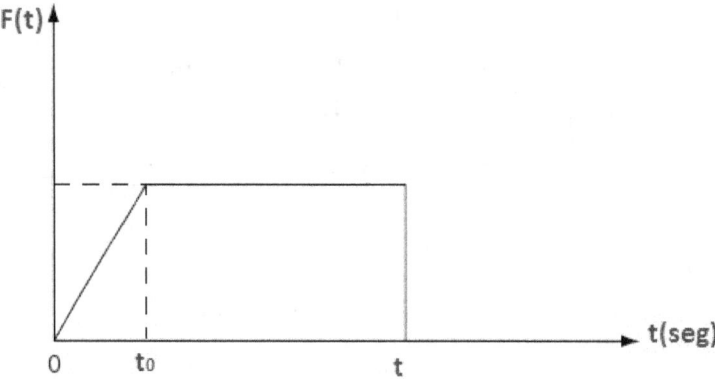

Na Figura 7.14 é mostrado um gráfico no qual é aplicada lentamente uma força por um período (t_0) de tempo e no período (t) esta força deixa de agir na estrutura (MCCONNELL AND VAROTO 2008).

Com este perfil de descarregamento a estrutura entra em estado transiente, sofrendo ação de uma ampla gama de frequências e consequentemente destacando as frequências naturais do sistema.

7.4.2 Impulso

Este método, da mesma forma que o anterior, consiste na aplicação de uma excitação do tipo transiente.

O método de aplicação de força desta excitação consiste na utilização de um aparato que será usado para impactar com a estrutura em experimento.

Esta ferramenta pode ser diversos objetos, um exemplo simples destes equipamentos é o martelo de impacto ilustrado na Figura 7.15, no qual há um transdutor de força em sua base para caracterizar a força aplicada no momento do impacto com a estrutura estudada (HARRIS AND PIERSOL 2002; MCCONNELL AND VAROTO 2008).

Figura 7.15 – Ilustração esquemática do equipamento martelo de impacto

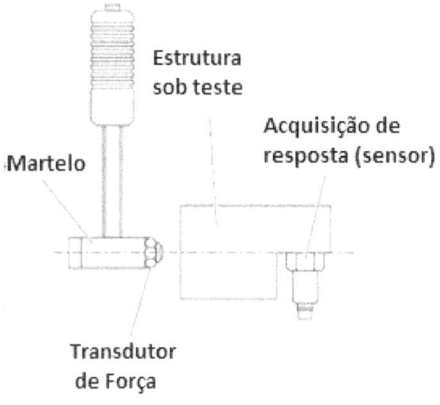

Fonte: (HARRIS AND PIERSOL 2002)

Além do martelo de impactos, é possível aplicar impacto sobre a estrutura estudada a partir do uso de explosivos de forma controlada, geralmente esta técnica é mais utilizada em estrutura com escala real (1:1), em quanto que o martelo de impacto é mais usual em estruturas escalonadas.

Da mesma forma que o método de degrau de relaxação, após o impacto a estrutura entre em estado transiente, sofrendo ação de uma ampla faixa de frequências, sendo possível identificar as frequências naturais do sistema, além de também ser possível determinar o amortecimento da estrutura (HARRIS AND PIERSOL 2002; MCCONNELL AND VAROTO 2008).

7.5 Método de Caracterização através de Excitadores

Este método implica na utilização de um equipamento chamado excitador. Este aparelho permite criar diversos tipos de sinal, podendo ser excitações tanto aleatórias como determinísticas.

Os principais excitadores de inércia podem em sua maioria ser classificados em dois tipos: os de acionamento direto (*direct drive*) e os de rotação desbalanceada (*rotatain gun balance*). O tipo de acionamento direto consiste por uma mesa no qual efetuam movimentos retilíneos efetuados por um mecanismo acoplado a base da mesa.

Figura 7.16 – Esquema de sistema de excitação por acionamento direto onde a) manivela, b) oblongado c)por CAM

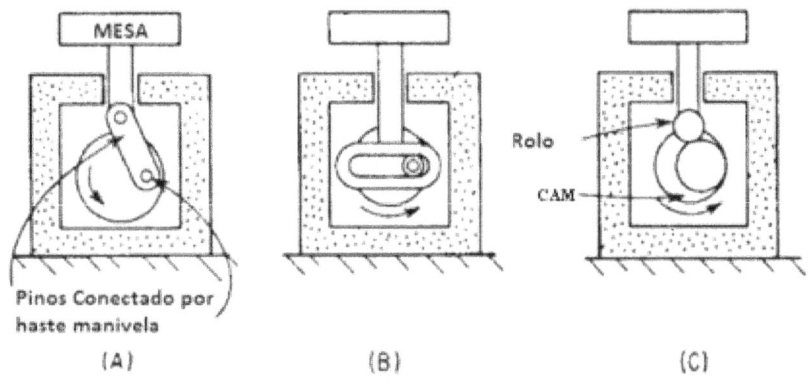

Fonte: HARRIS AND PIERSOL (2002).

O segundo tipo de excitador de inércia o de rotação desbalanceada. Neste caso podem ser destacados dois tipos. O primeiro apresenta apenas uma massa, induzindo tanto esforços horizontais quanto verticais enquanto o segundo consiste em duas massas desbalanceadas girando em sentidos opostos no qual geram um movimento vertical ou horizontal (HARRIS AND PIERSOL 2002; MCCONNELL AND VAROTO 2008).

Este excitador é muito usado em experimentos de análise de vibração. Ele permite aplicar diversas faixas de frequências de maneira a caracterizar melhor as propriedades dinâmicas da estrutura em estudo (HARRIS AND PIERSOL 2002; MCCONNELL AND VAROTO 2008).

De forma geral um excitador eletromagnético tem sua frequência controlada através da força e da aceleração. O sistema converte eletricidade em movimento mecânico no qual é transmitido para a estrutura sob ensaio (HARRIS AND PIERSOL 2002; MCCONNELL AND VAROTO 2008).

Figura 7.17 – Esquemático simplificado (a) e foto (b) de atuador eletrodinâmico

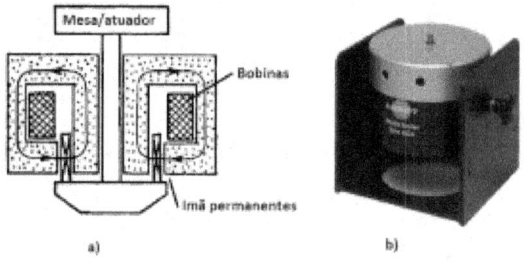

Fonte: (HARRIS AND PIERSOL 2002; B&K 2014)

Na Figura 7.17 apresenta um esquemático simplificado e uma foto de um excitador eletrodinâmico. É possível observar que um tirante (ou mesa) atuador está ligado a um imã permanente, podendo ser deslocado axialmente. Este movimento é resultante da força eletromagnética gerado pelas bobinas. Logo, o nível de aceleração e força deste atuador pode ser controlado diretamente por meio de corrente e tensão sobre bobinas, permitindo a realização de sinais extremamente complexos (HARRIS AND PIERSOL 2002; MCCONNELL AND VAROTO 2008).

8 Instrumentação e Processamento de Sinais

A instrumentação de qualquer tipo de teste experimental significa determinar as características do experimento, ou seja, como será feito, medido (quais equipamentos), registrado e analisado. (GATTI AND FERRARI 1999; HARRIS AND PIERSOL 2002; MCCONNELL AND VAROTO 2008).

Um ensaio para análise de vibração em uma estrutura pode ser realizado de diversas maneiras, podendo ser aplicado em uma estrutura já em uso, ou em laboratório com um protótipo, em seu estado natural ou excitado. Porém em todos os casos é essencial o uso de conceitos e equipamentos adequados. Que proporcionaram informações necessárias para o engenheiro, que com uma vasta gama de conhecimento, deve interpretar os resultados e organizar as informações de uma forma adequada (MCCONNELL AND VAROTO 2008). Na Figura 8.1 é apresentada um esquema com os principais equipamento utilizados em um ensaio de vibrações.

Figura 8.1 – Esquemático com itens geralmente adotados em um ensaio de vibração.

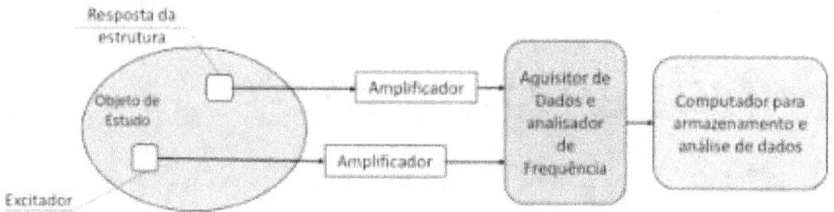

Fonte: Baseado em (MCCONNELL AND VAROTO 2008)

Entre os equipamentos mais utilizados, destacam-se os são transdutores de forças, excitadores, sensores de movimento (deslocamento e aceleração), e módulos de aquisição. Estes proporcionam informação da força e frequência que o objeto em estudo sofre, assim como o deslocamento que este sofre ao longo da estrutura no tempo quando aplicada determinada força(MCCONNELL AND VAROTO 2008).

Para exemplificar melhor o funcionamento de um teste de vibração temos a Figura 8.2 no qual o movimento da estrutura em vibração é capturado e convertido em um sinal elétrico pelo transdutor de vibração. Estes sinais elétricos são muito pequenos, logo é necessário amplificar este sinal através do instrumento de conversão de sinal para poder registrar e armazenar no computador. Posteriormente estes dados são analisados e tratados pelo engenheiro(GATTI AND FERRARI 1999; HARRIS AND PIERSOL 2002; MCCONNELL AND VAROTO 2008).

Figura 8.2 – Esquemático simplificado de medição de vibração.

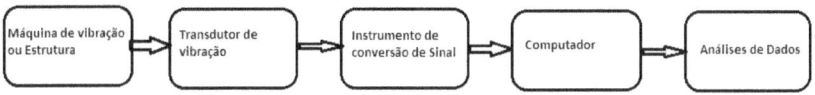

8.1 Aquisição de Dados

A aquisição de dados do teste realizado é a coleta organizada e planejada dos resultados que se planeja avaliar. Um dos métodos de coleta é adquirir as informações através do uso de um equipamento chamado módulo de aquisição de dados. Este equipamento possui saídas analógicas e/ou digitais que captam o sinal analógico ou digital dos sensores e os transformam em um sinal digital para ser armazenado em um computador (GATTI AND FERRARI 1999; HARRIS AND PIERSOL 2002; MCCONNELL AND VAROTO 2008).

Muitas vezes os sinais dos sensores podem captar muitos ruídos, no qual que não fazem parte do experimento. Estes impedem uma aquisição correta da informação que se pretende determinar no experimento. Por isso se torna importante o uso de um filtro que interceptará estas interferências, e as anulará. Possibilitando obter um dado mais preciso e limpo. Alguns modelos de módulos de aquisição de dados podem ter estes filtros embutidos em seu sistema, da mesma maneira que muitos deste equipamentos podem também proporcionar a transformada de Fourier discreta (FFT – *Fast Fourier Transform*) dos dados adquiridos(GATTI AND FERRARI 1999; HARRIS AND PIERSOL 2002; MCCONNELL AND VAROTO 2008).

As principais características necessárias para a seleção de um módulo de aquisição para realização de um teste dinâmico são o número de porta analógicas e digitais do equipamento, a faixa de leitura, número de canais comportados, resolução de conversor analógico-digital (A/D) (Medido em Bits) e sua taxa de amostragem (medido em *Samples per seconds*). Por exemplo, uma resolução de 12 Bits e de uma faixa de medição de 10V significa que o módulo de aquisição permite a leitura de 2^{12} termos desta faixa. Ou seja, o valor mínimo de leitura é de $\frac{10}{2^{12}} = 2{,}44mV$ (GATTI AND FERRARI 1999; HARRIS AND PIERSOL 2002; MCCONNELL AND VAROTO 2008).

8.1.1 Amostragem

Uma das principais características de aquisitores de dados é a amostragem de sinal. Neste caso, a amostragem é realizada através de temporizadores e registradores de forma a registrar o valor a ser medido em uma divisão de tempo ou frequência de aquisição.

Contudo, pode-se indicar que existe uma condição em com relação à taxa de amostragem que gera uma armadilha para resultados experimentais: O pseudo-sinal ou efeito aliasing.

Este fenômeno ocorre quando um sinal é subamostrado, de forma que o perfil de que sinal observado diverge do real, como pode ser observado na Figura 8.3.

Figura 8.3 – Exemplo de efeito de aliasing causado por subamostragem de sinais senoidal

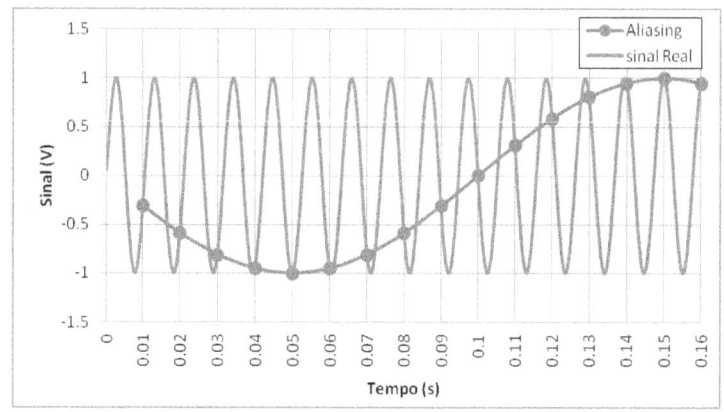

Logo, para análise de frequências, utiliza-se como recomendação que a taxa de amostragem seja no mínimo 2 vezes maior que a frequência mais alta que se deseja analisar. Esta taxa é chamada de taxa de Nyquist. Adicionalmente, a frequência a ser analisada é metade da taxa de amostragem (0.5 Fs), sendo este valor chamado de frequência de Nyquist.

Pode-se indicar que esta recomendação garante que frequências sejam detectadas em análise de espectro. Contudo, ainda sim o sinal amostrado pode apresentar distorções de aliasing, sendo identificadas pseudo sinais de baixa frequência para relação entre frequência de sinal e taxa de amostragem(f/fs) variando entre 0.5 e 0.2, como pode ser observado na Figura 8.4.

Figura 8.4 – comparação de sinal e pseudosinal para f/fs entre 0.1 e 0.5

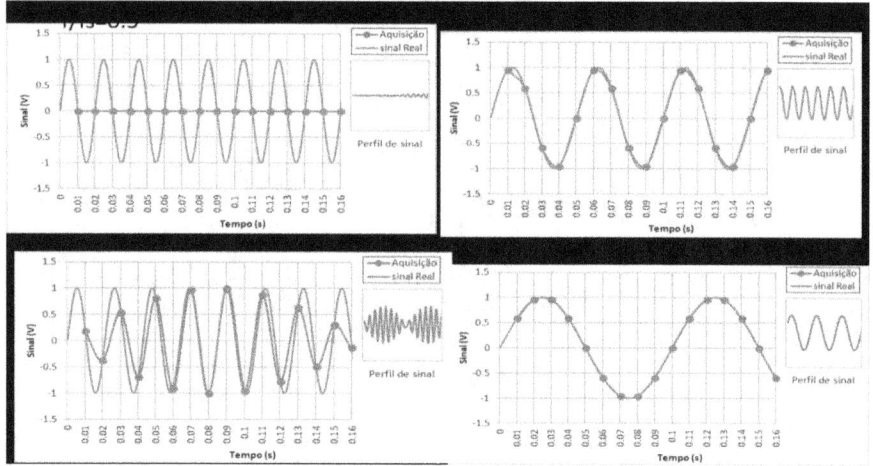

Logo, uma recomendação prática é que a relação taxa de amostragem seja sempre que possível 5 vezes superior à frequência em que se deseja analisar.

Figura 8.5 – comparação de sinal e pseudosinal para f/fs entre 0.1 e 0.5

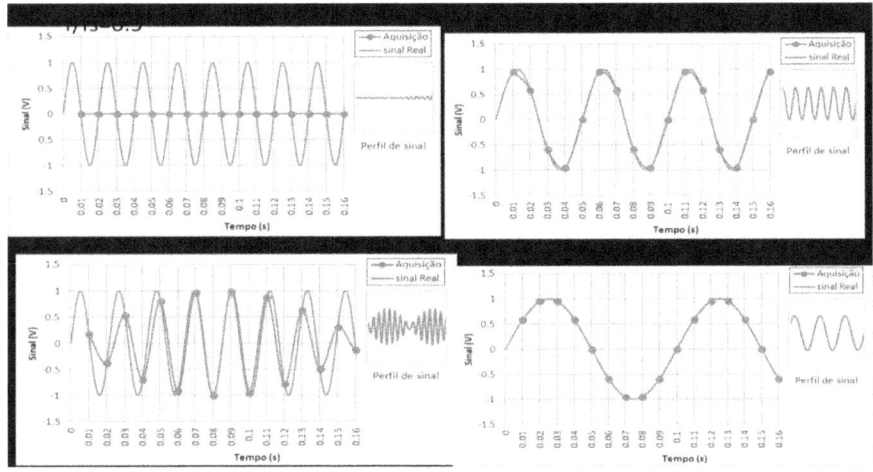

8.1.2 Quantitização

Da mesma forma que a amostragem discretiza o domínio do tempo, a quantitização discritiva valores no domínio da amplitude do sinal.

Figura 8.6 – Exemplo de quantitização de 3 bit de faixa de tensão de sinal de 8V

Figura 8.6 – Exemplo de quantitização de 3 bit de faixa de tensão de sinal de 8V

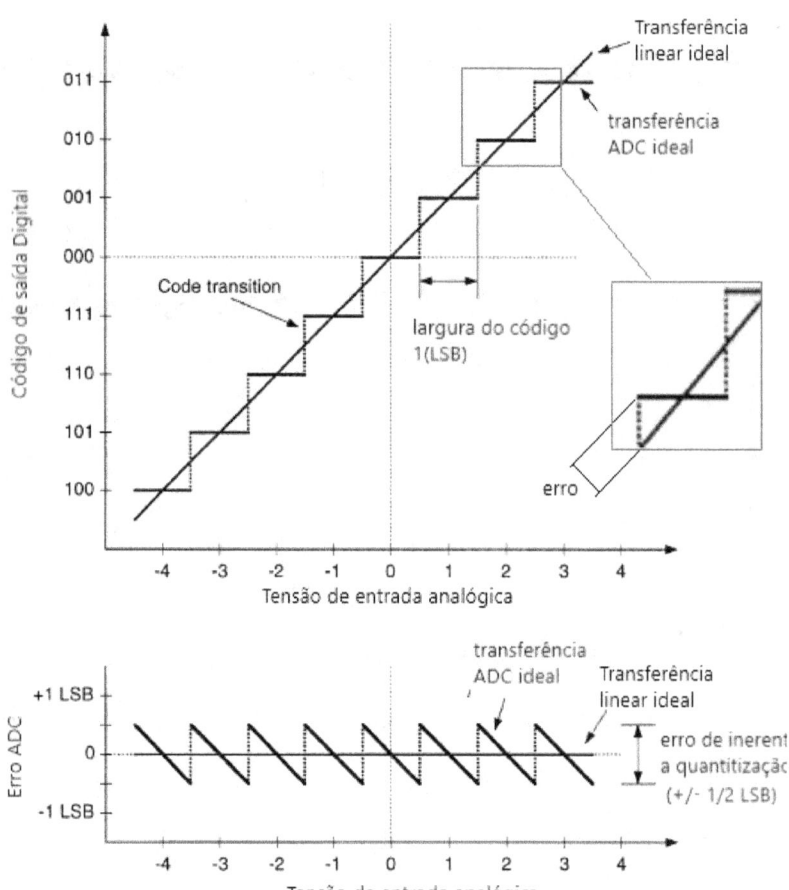

Desta forma, o sinal é discretizado de forma que cada faixa de amplitude corresponde a um código binário. Logo, pode-se identificar que a divisão de uma faixa de tensão é dividida em função do número de bits de código binário gerado na digitalização do sinal.

Por exemplo, a quantitização de uma faixa de tensão de 8V (variando de -4 a 4V) através de 3 bits resulta em que 8V seja dividido por 2^3 códigos, como apresentado na Figura 8.6. Neste caso, cada código corresponde ao incremento de 1 V e consequentemente o último bit significativo (LSB - Least Significant Bit).

Nesta figura são também apresentados os erros inerentes ao processo de quantitização de um conversor AD (ADC) ideal, onde a distância entre o valor medido (digital) e o valor analógico tende a +/- 0.5 LSB, enquanto o erro padrão é igual a $\frac{1}{\sqrt{12}} LSB$.

8.1.3 Especificações de Conversores AD

Ao se definir o sistema de aquisição que será utilizado para um experimento, deve-se levar em conta a correlação entre as características esperadas do experimento e as especificações do equipamento de aquisição. Entre as principais características de um conversor AD estão:

- Faixa de operação
- resolução
- conversão de codificação
- erros lineares
- erros não lineares
- ruído
- faixa dinâmica

A faixa de operação de um conversor AD é medida através da diferença entre o limite mínimo e máximo de escala. Neste caso, o sistema será unipolar se o limite mínimo da escala for igual a 0V. Enquanto ele será bipolar quando o limite mínimo for negativo e o limite máximo for positivo. Pode-se também indicar que a faixa de tensão operacional do equipamento deve estar em concordância com a faixa de tensão em que se deseja medir. Caso não esteja, há a necessidade de ser realizado um condicionamento e transdução do sinal para que o ADC possa aquisitar os dados de sinal desejado.

Como visto anteriormente, o ADC quantitiza a amplitude da faixa de tensão operacional. Logo, a resolução do equipamento será equivalente a 1 LSB. Ou seja:

$$1LSB = R = \frac{V_{max} - V_{min}}{2^{bits}} \tag{59}$$

Outro ponto importante de se observar em conversores AD é a convenção de codificação, onde se deve sempre observar a recomendação do fabricante ou recomendação de projeto como entre os principais tipos de codificação, destaca-se:

- código binário para unipolares
- $V_{min} = nulo$(000 para 3 bits)
- V_{max}= todos os bits cheios (111 para 3 bits)
- código binário para bipolares

- V_{min} = último bit a esquerda ou bit mais significativo (MSB) (100 para 3 bits)
- meia escala = nulo (000 para 3 bits)
- V_{max} = todos os bits menos MSB (011 para 3 bits)

Contudo, ainda podem ser encontradas outras codificações, como códigos, códigos binários codificados para decimal (BCD) e código de Gray.

Com relação aos principais erros encontrados em conversores analógicos digital, destacam-se os erros:

- lineares de offset
- lineares de ganho
- Não lineares diferenciais, não lineares integrais
- Não lineares relativos
- Abertura.

Pode-se indicar que estes erros podem ser tratados através de calibração do equipamento periodicamente conforme recomendação de utilização.

8.1.4 Tipos de Conversores AD

Uma das principais característica de sistemas de aquisição é marcada pelo tipo de operação de seu conversor analógico-digital. Os tipos de ADC mais empregados na indústria são:

- ADC tipo Flash
- ADC de registro de aproximação sucessiva
- ADC multiestágio

- ADC integrativo
- ADC Sigma-Delta

Os ADC tipo Flash correspondem atualmente a 80% dos casos visto que normalmente permitem a velocidade de comutação de 1Gb/s, e são os ADC mais simples a serem implementados. Neste caso, comparadores são utilizados para comparar a tensão de entrada (medida) com uma fração (divisão) da tensão de referência, como apresentado na Figura 8.7. Neste caso, cada fração de tensão ativa um comparador, enviando o sinal para um multiplexador lógico que converte os sinais lógicos dos comparadores em codificação binária.

Figura 8.7 – Exemplo de ADC tipo Flash de 3 bits

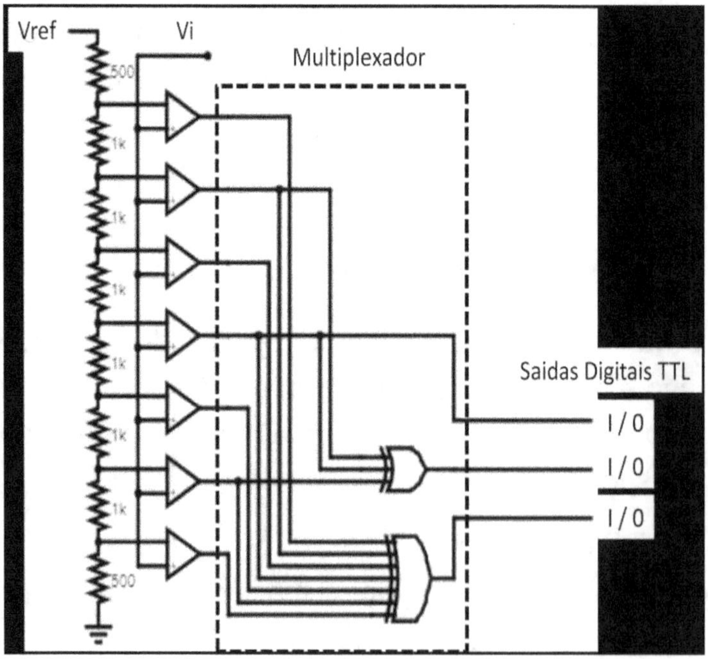

8.1.5 Conversores DA

Em contraste com conversores analógico-digital, conversores digital-analógicos (DAC) proporcionar a conversão de sinais digitais provenientes de microcomputadores em sinais analógicos. Pode-se também indicar que características e especificações de ADC, como amostragem e quantitização, também são aplicadas nestes conversores.

Figura 8.8 – Exemplo de DAC tipo peso binário de 4 bits

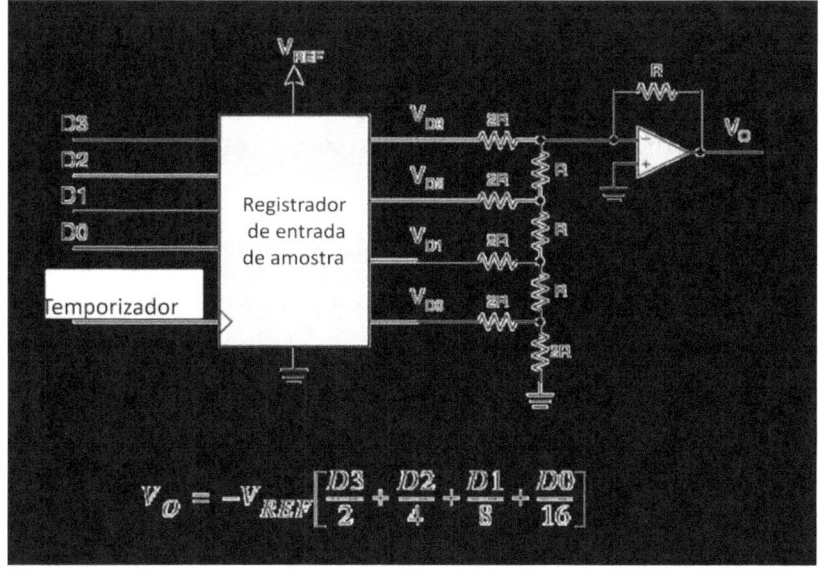

Estes conversores são recursos importantíssimos em experimentos vibracionais e sistemas de controle microprocessados visto que os mesmos proporcionam o controle de excitadores, atuadores e sistemas de amortecimento ajustáveis.

Neste caso, podem ser destacadas diversas estratégias de conversão de sinais digitais para analógico em função de tipo de aplicação, frequência, tensão e corrente de saída. Contudo, o tipo de abordagem mais utilizado é o conversor de peso binário, como observado na Figura 8.8.

8.2 Sensores

Pode-se considerar que sensores tem como objetivo, a análise e medições de propriedades físicas, visto que os mesmos alteram suas propriedades em função de propriedades a serem medidas.

Neste caso, pode-se indicar que existem diversos meios de se medir a mesma propriedade. Desta forma, este livro se restringiu em apresentar os principais tipos de sensores normalmente utilizados para medição de parâmetros espaciais, como deformação, tensão, deslocamento, velocidade, aceleração e rotação.

8.2.1 Características fundamentais de sensores

Adicionalmente, algumas características que são extremamente importantes quando se trata de seleção sensores serão apresentadas brevemente ao longo desta seção.

Para identificação das principais propriedades de sensores, deve-se identificar a curva característica do sensor através de levantamento de curva de calibração. Neste caso, são correlacionados valores de entrada (mensurado) e valores de saída(medido).

Pode-se também indicar que a **precisão** é marcada por componentes de **exatidão** e **repetibilidade** de um sensor, sendo que muitas vezes estas são confundidas.

A Figura 8.9 apresenta um comparativo ilustrativo entre conceitos de precisão e exatidão. Neste exemplo, o alvo representa a medida do mensurado ou o que está sendo medido, enquanto os tiros representam os valores medidos pelo instrumento de medição.

Contudo, pode-se indicar que a exatidão de um instrumento é marcada pelo percentual em que valor medido no sensor corresponde exatamente ao valor do mensurado. Já a repetibilidade corresponde ao percentual de vezes em que o sensor repete exatamente o mesmo resultado medido para um determinado mensurado.

Ou seja, se ilustrarmos o comportamento do sensor através de um alvo, a exatidão é equivalente à quantidade de vezes em que o instrumento "acerta o alvo", enquanto a repetibilidade corresponde à quantidade de vezes em que o sensor acerta o mesmo ponto.

A **linearidade** de um sensor corresponde ao máximo desvio entre os valores calibrados e uma reta gerada por uma regressão linear destes valores. A Figura 8.10 apresenta um esquemático ilustrando a linearidade de um sensor através de sua curva de calibração.

Figura 8.9 – Comparativo entre exatidão e repetibilidade

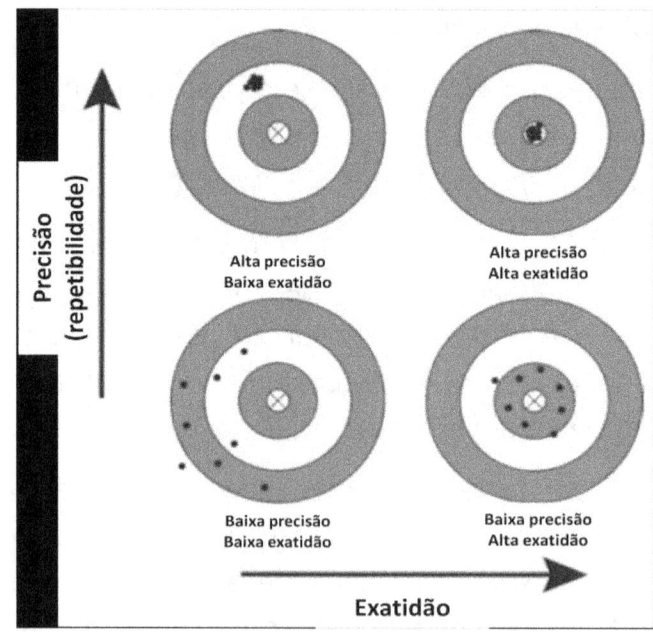

Nesta figura, a **sensibilidade estática** também é ilustrada, evidenciando que esta propriedade corresponde à inclinação gerada pela curva de calibração do instrumento e valor de entrada do sensor.

Um exemplo desta propriedade pode ser observado na Figura 8.10, onde é apresentado uma curva de calibração de sensor que apresenta erro de linearidade e de deslocamento zero.

Figura 8.10 – Curva de calibração indicando linearidade e sensibilidade de um sensor

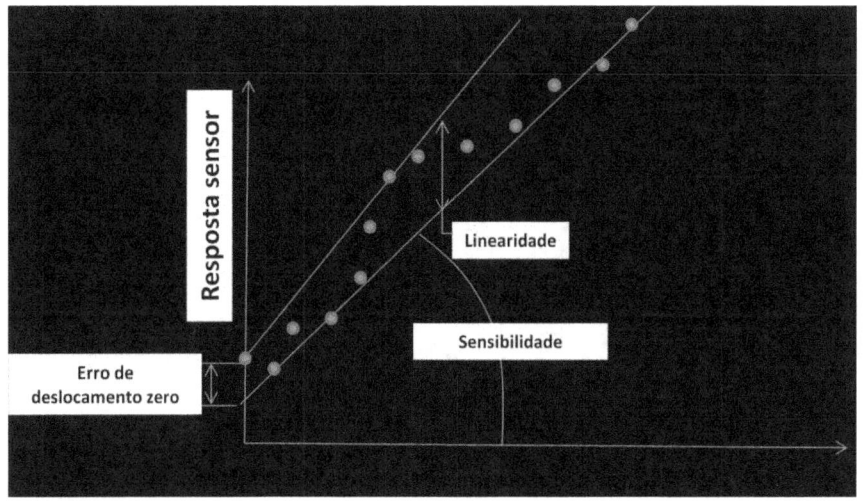

Outro aspecto importante a ser considerado em sensores é a sua **histerese**. Neste caso a histerese é marcada pela variação de resposta do sensor devido a direção de carregamento. Ou seja, a diferença entre os valores ascendentes e descendentes, como apresentado na Figura 8.11.

Nesta figura, é apresentada uma curva de calibração onde se varia o valor de entrada a partir do negativo indo para o positivo. Após atingir o valor máximo positivo, varia-se o valor de entrada até o valor mínimo negativo.

Desta forma é possível observar que o sensor se comporta de forma diferente em função da situação medida. Logo, pode-se identificar que, neste caso, o valor máximo de histerese corresponde a variação máxima entre a curva ascendente e descendente.

Outro ponto a se considerar na escolha de sensores, é o seu **modo de operação**, podendo estes ser digitais ou analógicos. No caso de sensores digitais, pode-se ainda subclassificar os mesmos em sensores discretos e sensores multiplexados. No caso de sensores analógicos, a variação do sensor é contínua.

Figura 8.11 – Exemplo de histerese de sensor

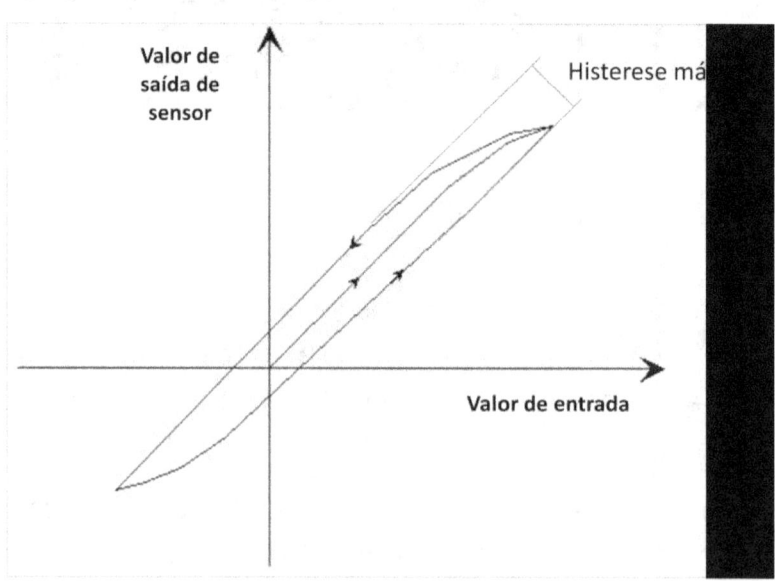

Com o objetivo de comparar o modo de operação de sensores analógicos e digitais, a Figura 8.12 apresenta uma um sinal senoidal sendo representado de forma contínua (sensor analógico) e de forma discreta (sensor digital com 3 bits). Neste caso, pode-se observar que a amplitude máxima medida foi dividida em 8 partes, correspondendo a 2^3. Indica-se também que cada uma das divisões apresenta uma codificação binária a base TTL (lógica transistor-transistor) onde 1 é 5v e 0 é 0v. Dessa forma, um computador pode interpretar, registrar e processar estes dados.

Figura 8.12 – exemplo de modo de operação de sensores e incremento digital

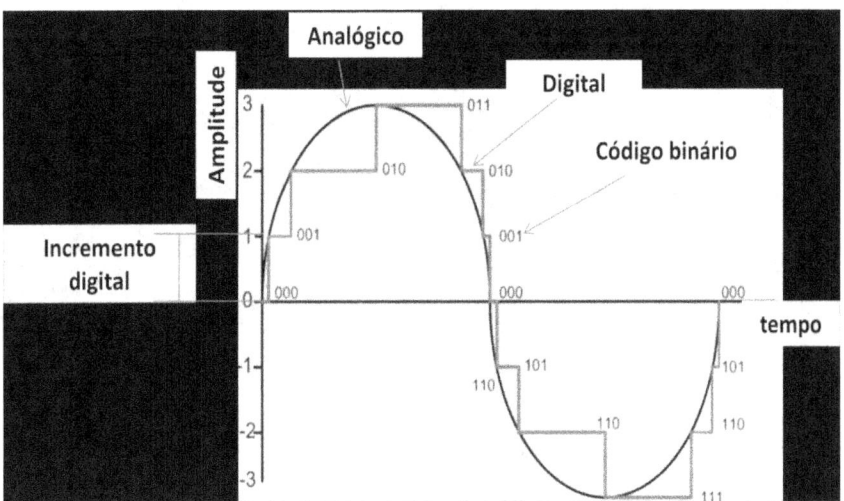

Já a **menor divisão de escala** implica no menor valor incremental que é possível de ler no instrumento. Ou seja, para instrumentos digitais, a menor divisão de escala corresponde ao **incremento digital** do instrumento.

No caso de **Incremento digital**, o mesmo corresponde à variação causada pelo último dígito do código binário gerado pelo sensor.

O **limiar ou Threshold** é uma característica relativa à menor intensidade de sinal em que o sensor consegue detectar. Por exemplo, diversas células de carga resistivas analógicas somente inicial a detecção de força a partir de 0.5N.

Figura 8.13 – Exemplo de largura de banda de acelerômetro

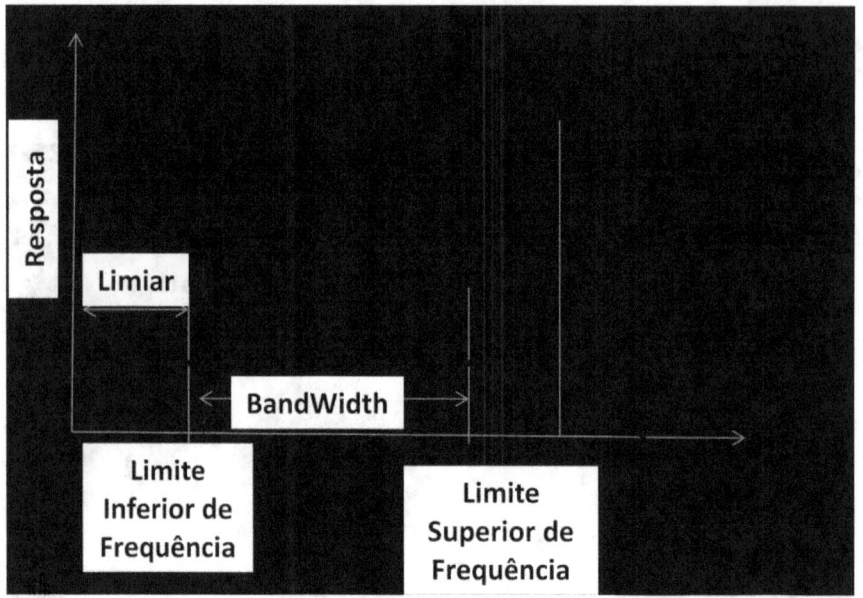

A **largura de banda ou *bandwidth***, por sua vez, corresponde à faixa de frequência em que o sensor pode operar sem sofrer distorções de sinal ou danos. De forma a exemplificar esta propriedade, a Figura 8.13 apresenta um exemplo de uma curva característica típica de acelerômetros piezoelétricos.

Nesta figura, pode-se observar que a faixa de banda é delimitada pelos limites superiores e inferiores de frequência. Esses limites são definidos em função da linearidade, limiar, ressonância e faixa operacional do sensor.

Com relação à **resolução** de um sensor, pode-se indicar que esta é uma característica marcada pela menor variação de sinal em que o sensor consegue detectar.

8.2.2 Extensômetros

Com relação aos sensores de medição de deslocamento e deformação, estes são chamados de extensômetros ou strain gauge.

Este tipo de sensor é do tipo resistivo, alterando seu valor Ohmico em função da sua deformação.

Estes sensores são normalmente colados em superfície de estruturas com o objetivo de com objetivo de identificar deslocamentos muito pequenos. Consequentemente, estes sensores são utilizados para medir valores de deformação e tensão plana de um objeto.

Diversos layouts de extensômetros podem ser encontrados atualmente, embora o princípio de operação destes sensores seja o mesmo, como pode ser observado na Figura 8.14.

Figura 8.14 – Exemplo Layout de extensômetros para análise de tensões e deformações.

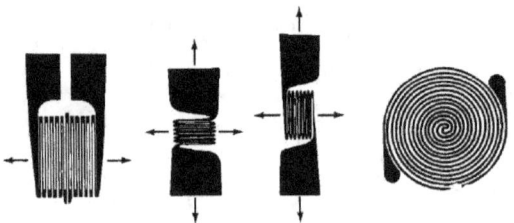

Considerando que a resistência de um condutor corresponde à segunda lei de Ohm:

$$R = \frac{\rho L}{A} \tag{60}$$

Pode-se derivar esta equação e dividir por R, resultando em:

$$\frac{dR}{R} = \frac{d\rho}{\rho} + \frac{dL}{L} + \frac{dA}{A} \tag{61}$$

Desta forma ao considerar a lei de Hooke, $\sigma = E\varepsilon$ e a deformação é $\varepsilon = \frac{dL}{L}$ e o coeficiente de Poisson de um condutor ($v = -\frac{\varepsilon_{transversal}}{\varepsilon_{longitudinal}}$), tem-se que a variação de resistência equivale a uma função da deformação transversal e longitudinal:

$$\frac{dR}{R} = \frac{d\rho}{\rho} + \varepsilon_{longitudinal} - 2\varepsilon_{transversal} \tag{62}$$

ou também

$$\frac{dR}{R} = \frac{d\rho}{\rho} + \varepsilon_{longitudinal}(1 - 2v) \tag{63}$$

Desta forma, pode-se indicar que a sensibilidade de um sensor extensômetro ou fator do extensômetro (K) é medido em $\dfrac{\frac{dR}{R}}{\varepsilon_{longitudinal}}$

Desta forma, pode-se indicar que a variação de resistência de extensômetros é muito pequena. Logo, faz-se necessária a aplicação de condicionador de sinal baseado em ponte de Wheatstone e amplificador de sinal, conforme apresentado na Figura 8.15.

Nesta figura, é apresentado um circuito preparado pra 1 extensômetro, sendo avaliada sua diferença em relação a resistência R através de uma ponte de wheatstone.

Neste caso, a resistência R deve ser de mesmo valor que o extensômetro sem aplicação de carga.

Pode-se também indicar que o amplificador operacional compara a diferença de tensão entre cada lado da ponte e aplica um ganho de potência. Assim, ampliando o sinal do sensor, conforme:

$$V_o = V_{ref}\left(\frac{\delta}{2}\right)\frac{R_f}{R}$$ (64)

Indica-se que quanto menor for a variação de resistência do extensômetro (, maior deve ser Rf.

Figura 8.15 – Exemplo de condicionador de sinal para aplicação de extensômetros

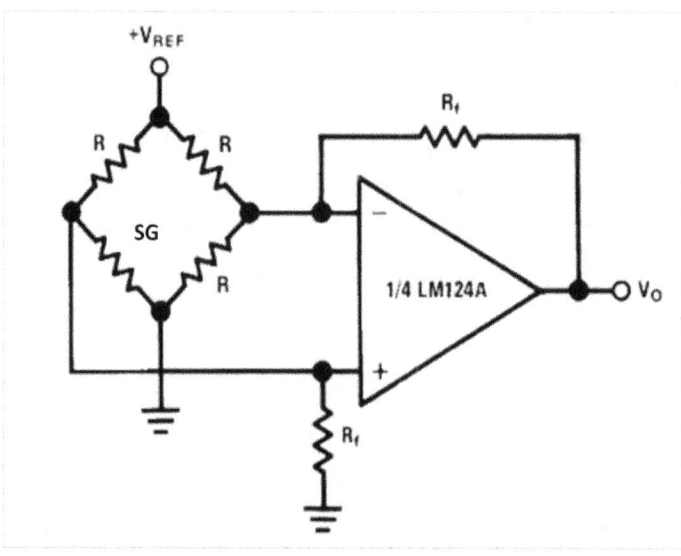

8.2.3 Sensor de deslocamento

Outro tipo de sensores tem o objetivo de medir deslocamento de objetos. Estes sensores são chamados de sensores de deslocamento. Entre os tipos de sensores de deslocamento, pode-se classificar conforme a forma de medição, podendo ser tátil (sensor de contato) ou não-tátil (sensores sem contato).

Os principais tipos de sensores utilizados para medição de deslocamento podem ser classificados conforme os principais mecanismo físico de operação, podendo ser:

- Sensores resistivos
- Sensores Indutivos
- Sensores Capacitivos
- Sensores Ópticos

Com relação aos sensores resistivos, pode-se destacar os potenciômetros de precisão lineares e rotacionais. De forma geral, ambos os potenciômetros operam de forma que a variação do deslocamento é proporcional à variação da resistência. Conforme apresentado na Figura 8.16.

Figura 8.16 – Exemplo de esquemático mecânico de potenciômetro linear (a), esquemático mecânico de potenciômetro angular (c) e esquemático elétrico de potenciômetro (b)

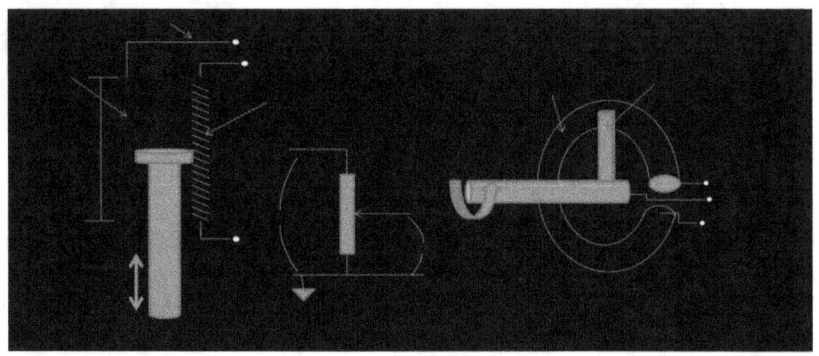

Logo, a sensibilidade destes sensores tende a ser uma proporção entre curso do sensor (L) e resistência máxima do potenciômetro.

Outro tipo de sensor de deslocamento tem princípio operacional baseado em efeitos i. Entre os sensores desta categoria, destacam-se:

- Transformadores indutância variável
- Transformadores de relutância variável

Com relação aos transformadores de indutância variável, os dois principais tipos de sensores são: o LVDT (transformador linear de variação diferencial) e o LVCT (transformador linear de acoplamento variável).

Com relação aos sensores LVDT, podem ser destacados o funcionamento de uns layouts básicos, conforme visto na Figura 8.17. De forma geral, o funcionamento de LVDT consiste da na diferença de na diferença de variação entre as 3 bobinas em função do movimento do núcleo.

Pode-se indicar que a bobina de entrada sempre apresenta todas as suas espiras sendo transmitidas. Contudo, a posição do núcleo proporciona uma diferença entre o número de espiras afetadas das bobinas de saída.

Ou seja, se a posição do núcleo proporcionar o mesmo número de voltas nas duas bobinas de saída, a diferença de tensão de saída será nula. Já se a posição do núcleo proporcionar com que somente uma das bobinas de saída transmita energia, a tensão de saída será máxima ou mínima.

Figura 8.17 – Exemplo esquemático de funcionamento de LVDT

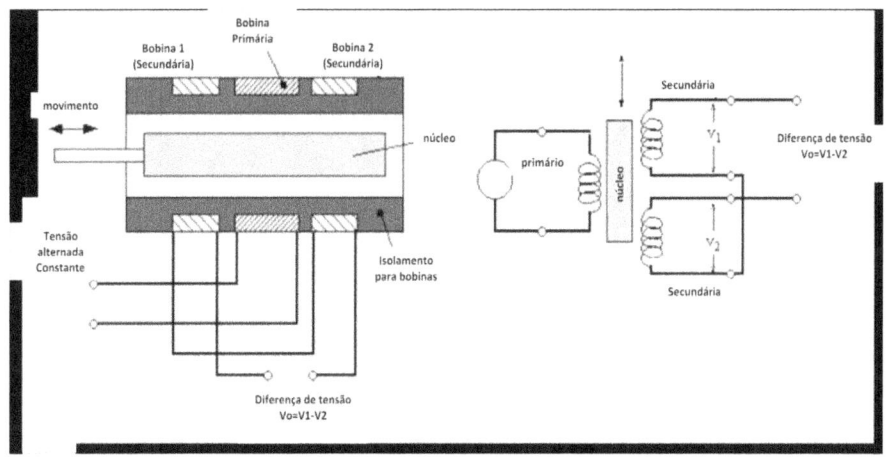

Com relação aos sensores transformadores de acoplamento variável, os mesmos apresentam princípio de funcionamento similar ao LVDT. Contudo, estes sensores normalmente dispõem de 2 bobinas com mesmo comprimento e número de espiras, como pode ser visto na Figura 8.18.

Neste caso, o deslocamento do núcleo altera a indutância de cada uma das bobinas. Desta forma, pode-se utilizar uma ponte de Maxwell (similar a ponte de Wheatstone) para medir a diferença de indutância através de tensão e saída.

Com relação aos sensores de relutância variável, os mesmos podem ser utilizados para medição de deslocamentos lineares e angulares, podendo classificar os principais tipos como:

- sensores de relutância variável de uma bobina
- sensores de relutância variável diferencial

Figura 8.18 – Exemplo esquemático de funcionamento de LVCT

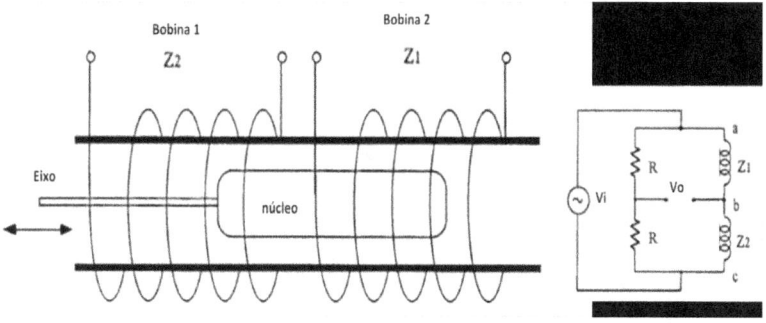

Os sensores de relutância variável de uma bobina são marcados por detectar a distância entre um núcleo ferromagnético (peça ou objeto a ser medido) e a bobina, como pode ser observado na Figura 8.19.

Neste caso, a distância entre o núcleo e a bobina é chamada de airgap, implicando no fluxo eletromagnético máximo para um airgap igual a 0.

Já o sensor de relutância variável diferencial identifica a diferença entre indutância de duas bobinas devido à variação do airgap do núcleo (objeto) posicionado entre as duas bobinas.

Figura 8.19 – Exemplo entre sensor de relutância variável de uma bobina.

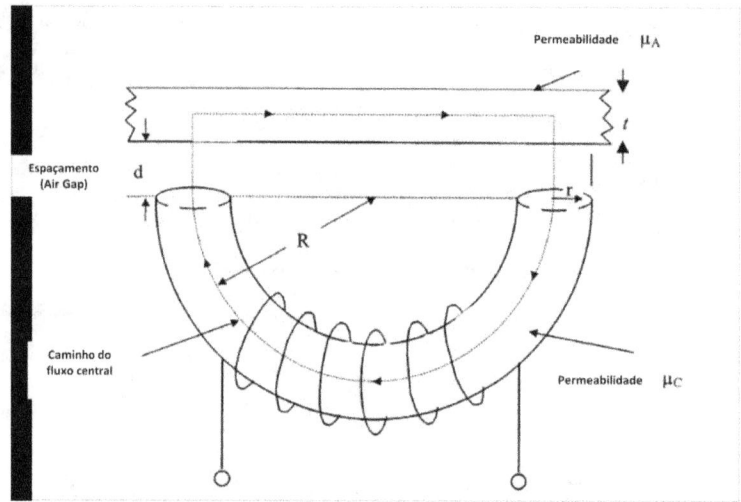

Entre os sensores de deslocamento óticos, destacam-se os reflexivos e não reflexivos. Sendo que o comprimento de onda mais utilizado para estes sensores é o Infravermelho de baixa (variando entre 900 a 1000nm).

Figura 8.20 – Exemplo esquemático de sensor de deslocamento infravermelho (IR) reflexivo.

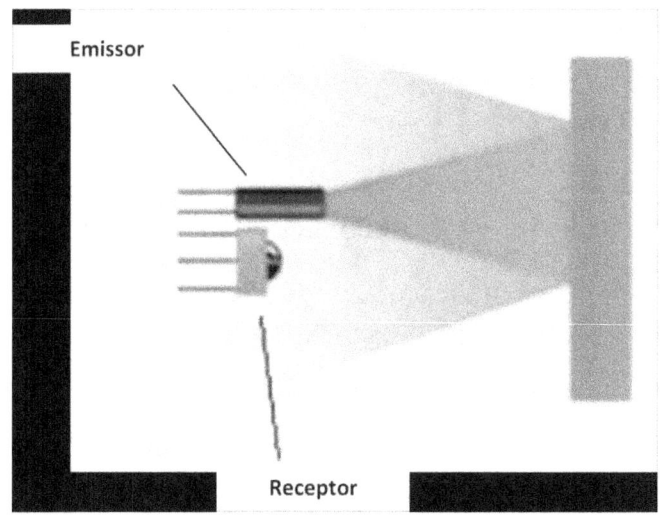

De forma prática, sensores de deslocamento ópticos identificam o deslocamento através de medição de intensidade luminosa. Um exemplo de funcionamento esquemático de sensor infravermelho reflexivo é apresentado na Figura 8.20, onde um emissor luminoso envia feixes de luz que refletem em objetos de forma que a luz refletida é captada por um receptor que mede a potência luminosa. Desta forma, a intensidade luminosa captada pelo sensor torna-se uma função da distância do objeto, reflectância da superfície e angulação da superfície.

8.2.4 Acelerômetros

Um dos principais tipos de sensores utilizados em análise vibracional é o acelerômetro. Estes tipos de sensor proporciona a medição da aceleração de um objeto ou superfície.

Este tipo de sensor pode ser classificado conforme o seu princípio de transdução, podendo ser estes:

- acelerômetros piezo-elétricos
- acelerômetros piezo-resistivos
- acelerômetros sismicos (resistivo, indutivo e óticos)
- acelerômetros capacitivos
- acelerômetros a base de extensômetros

Com relação aos acelerômetros piezoelétricos, estes são um dos mais utilizados na indústria, devido à sua alta sensibilidade e pequena massa, além de sua largura de banda ser extensa e sua frequência natural ser extremamente elevada.

A Figura 8.21 apresenta um esquemático de **sensor piezoelétrico**, assim como uma curva de sensibilidade característica.

Nesta figuram a massa inercial do sensor comprime os cristais piezo, gerando descarga de elétrons.

Com isto, a função de transferência típica deste tipo de acelerômetro pode ser representada como:

$$\frac{e_0(s)}{a(s)} = \frac{\frac{K_q}{C\omega_n^2}\tau s}{(\tau s + 1)(\frac{s^2}{\omega_n^2} + \frac{2\zeta s}{\omega_n} + 1)} \tag{65}$$

Pode-se também indicar que este tipo de acelerômetro emite um sinal de saída muito pequeno, sendo necessário a utilização de amplificador de sinal para sua utilização.

Figura 8.21 – Esquemático de acelerômetro piezoelétrico.

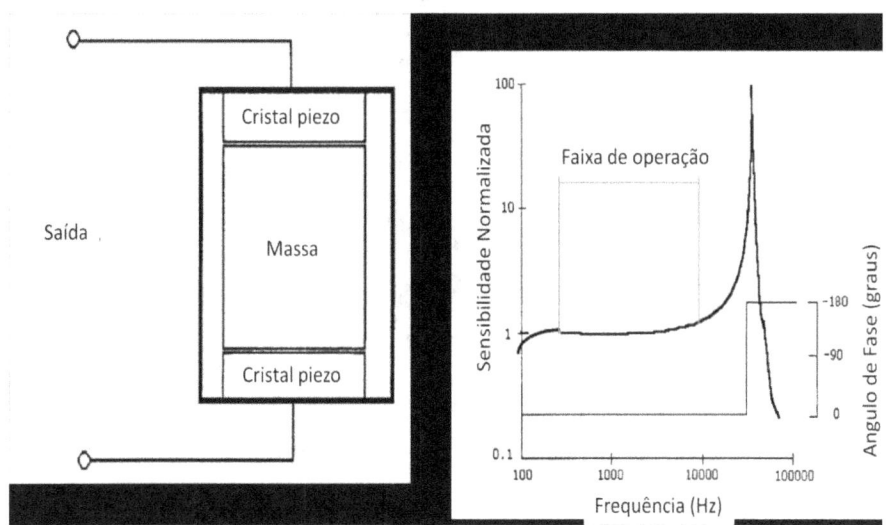

Por outro lado, **acelerômetros piezoresistivos** e **acelerômetros a base de extensômetros** são sensores analógicos que medem a força de deformação superficial em função da aceleração da massa inercial (massa sísmica) do sensor. De forma geral, acelerômetros piezoresistivos e a base de extensômetros são fundamentalmente iguais, sendo que extensômetros são feitos por condutores e piezoresistivos por semicondutores.

Pode-se indicar 2 tipos principais de layout deste sensor: massa em balanço (b), sanduiche de compressão (a), como apresentado na Figura 8.22.

Figura 8.22 – Esquemático de acelerômetro a base de extensômetros ou piezoresistores.

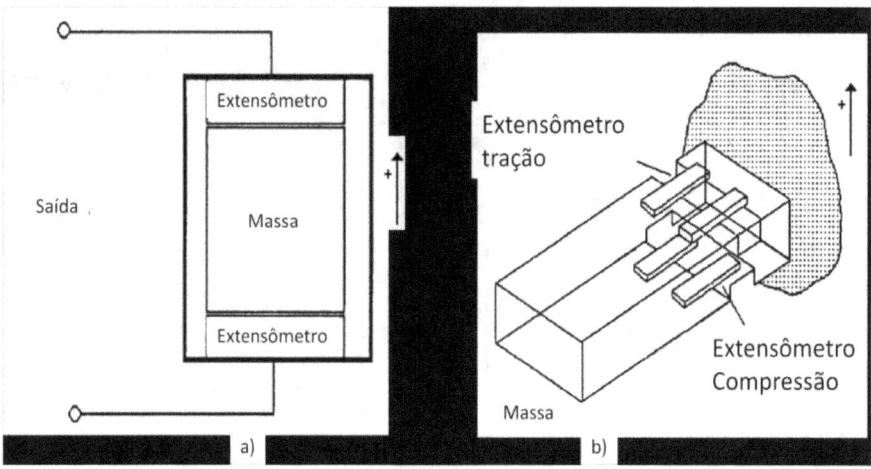

Em ambos os casos, faz-se necessária a utilização de condicionadores de sinal para transdução de valores de resistência para Tensão.

Outro tipo de acelerômetro muito utilizado na indústria e em produtos é o acelerômetro capacitivo. Este tipo de sensor funciona através do movimento de eletrodos móveis fixados numa massa sísmica ou inercial, como apresentado na Figura 8.23.

Como o movimento desta massa, um eletrodo móvel, que é inicialmente posicionado entre eletrodos fixos, de desloca de forma que o espaçamento entre o eletrodo fixo e eletrodo móveis se alterem. Pode-se indicar que a capacitância do sistema é medida por esta distância.

Logo, ao se movimentar, a capacitância de um par de eletrodos aumenta enquanto a capacitância de outro par de eletrodos diminui.

Figura 8.23 – Esquemático de acelerômetro capacitivo

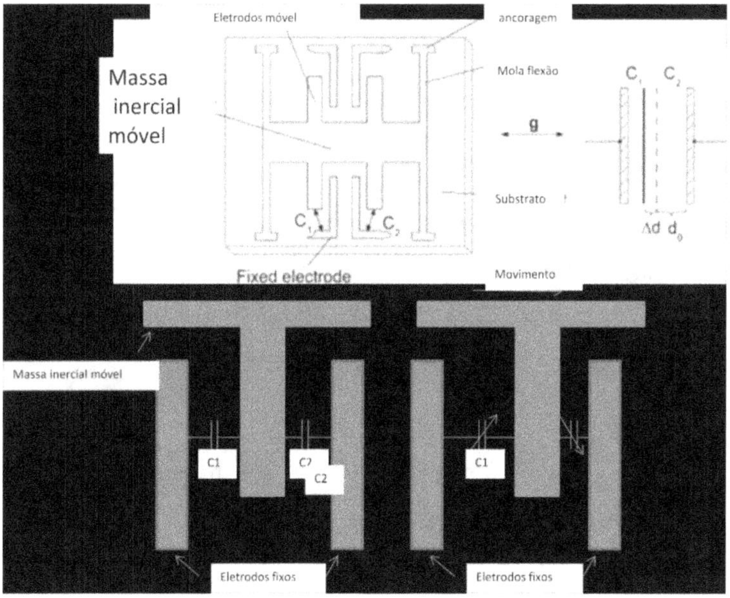

Esses sensores são muito utilizados devido a seu baixo custo e flexibilidade de apresentar medidas triaxiais. Contudo, a faixa de operação destes sensores é relativamente baixa, variando entre 0 e 1000Hz e sensibilidade de +/-2g a .+/- 0.5g. Neste caso, g é a medição de aceleração em unidade de gravidade (1 g = 9.81m/s²).

Outros tipos de acelerômetros são os sísmicos. Estes acelerômetros são formados por sistema massa-mola-amortecedor de um grau de liberdade (GDL) em que um transdutor mede o deslocamento desta massa (Figura 8.24).

Figura 8.24 – Esquemático de acelerômetro sismicos.

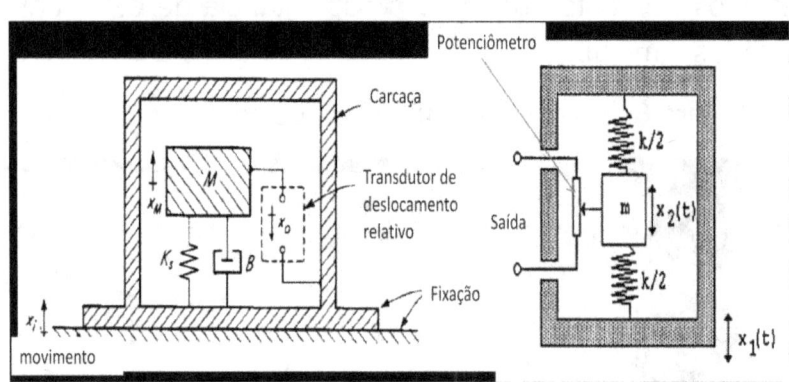

Neste caso, há uma grande gama de sensores, visto que o deslocamento pode ser medido de diversas formas, sendo as principais através de:

- potenciômetro
- óticos - medição de Intensidade luminosa (direta ou refração)
- indutivo

8.2.5 Células de Carga

A caracterização dinâmica de sistemas tem influência direta com as forças e esforços envolvidos num sistema. Adicionalmente, métodos de caracterização de função de transferência e frequência de resposta identificam o comportamento de um sistema em função da força de entrada do sistema.

Por este motivo, sensores destinados à medição de forças são tão importantes para análise experimental de vibrações. Estes sensores são chamados de células de carga, transdutores de força ou sensores de força.

De forma geral, os principais sensores de força aplicados em análise de vibrações são:

- sensores piezoelétricos
- sensores resistivos
- Sensores capacitivos
- Sensores indutivos

Contudo, sensores piezoelétricos e resistivos são utilizados 80% dos casos. Por isso, este livro irá somente abordar o funcionamento estes dois principais tipos de sensores de força.

Os sensores piezoelétricos apresentam uma arquitetura semelhante aos acelerômetros piezoelétricos, onde a a deformação de um cristal piezo proporciona a descarga de elétrons que geram uma queda de potência na saída do sistema.

Ao contrário do acelerômetro, este sensor não contém uma massa sísmica ou inercial, sendo conectada diretamente ao sistema, como pode ser observado na Figura 8.25.

Nesta figura, é possível observar que a carcaça comprime o cristal piezoelétrico de forma a gerar uma descarga de elétrons coletada pelo eletrodo localizado no conector de saída.

Figura 8.25 – Esquemático de Transdutor de força piezoelétrico.

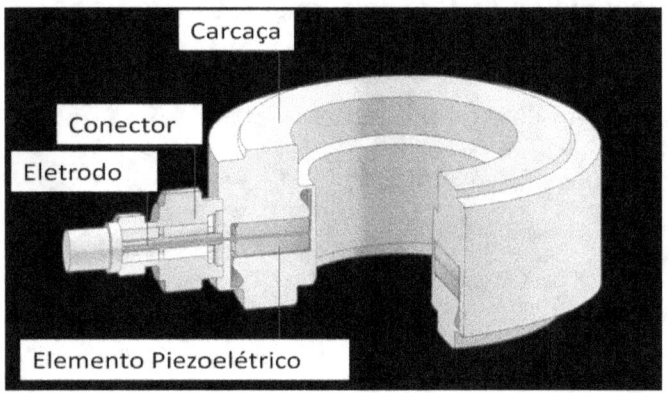

Da mesma forma que o acelerômetro piezoelétrico, este sensor necessita de um condicionamento de sinal e amplificador de forma que o seu sinal possa ser detectado por sistemas de aquisição de dados.

Já o tipo de sensor resistivo pode ser dividido em 2 tipos principais: extensômetros (detalhado na secção 8.2.2) e resistências sensíveis a força (FSR).

As resistências sensíveis à força são normalmente formadas por películas de polímeros condutivos que reduzem a resistência do sensor em função da aplicação de força. sobre a área do sensor.

Um esquemático de layout típico deste sensor é apresentado na Figura 8.26, onde é possível observar que este sensor é formado por 2 partes. A primeira parte é um filme condutor enquanto a segunda parte é um filme resistivo a base de polímero.

Figura 8.26 – Esquemático de resistência sensível à força (FSR) e curva característica do sensor.

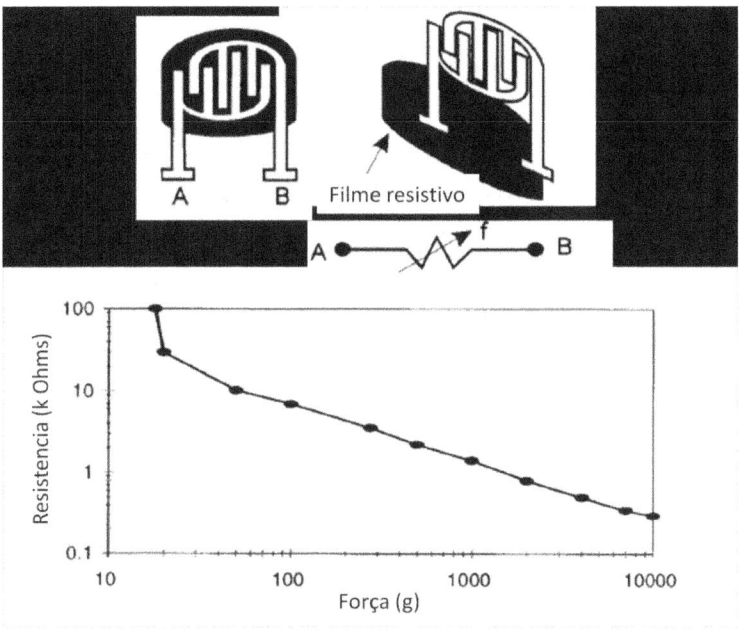

À medida que é aplicada uma forma na superfície deste sensor, as partes condutoras se afastam de forma que a resistência do sensor diminua proporcionalmente a esta força.

Nesta figura também é apresentada a curva característica deste sensor, onde a correlação entre força aplicada sob a superfície e a resistência resulta normalmente em uma curva exponencial.

Deve-se notar, que apesar da similaridade deste sensor com extensômetros, a faixa de variação Ohmica deste sensor permite seja utilizado somente um condicionamento de sinal simples, como divisor de tensão ou ponte de Wheatstone. Ou seja, não há necessidade de aplicação de amplificadores para utilização deste sensor.

8.2.6 Encoders e Resolvers

Visto que diversas aplicações relacionadas com vibrações envolvem movimentos de rotação, sensores que medem rotação são amplamente utilizados para controle de sistema, assim como para medição de rotação de eixos.

Entre os principais tipos de sensores rotacionais, destacam-se os encoders, resolvers e syncros.

Com relação aos encoders, estes sensores são digitais, onde um disco codificado indica de forma incremental ou absoluta a posição do eixo de rotação. Normalmente, este disco é lido através de uma chave ótica, como observado na Figura 8.27.

Nesta figura, um comparativo entre sensores encoders absolutos e incrementais é apresentado, onde o encoder incremental proporciona como resposta somente um trem de pulsos. Por outro lado, o encoder absoluto indica em que faixa de posição o eixo está através de uma codificação binária ou código de gray.

Pode-se indicar adicionalmente, que também é encoders também são utilizados para medição lineares, onde uma régua linear proporciona a codificação para que o sensor ótico móvel leia o trem de pulsos. Este tipo de sensor é amplamente utilizado para controle de posição de impressoras.

No caso de resolvers ou transformadores de rotação, o funcionamento é um pouco diferente dos encoders. Neste caso, o sensor é analógico onde bobinas com ângulo de defasagem são posicionadas para que a transformação de tensão entre o núcleo móvel (rotor) e bobinas fixas (estator) seja realizada de forma a indicar a posição do rotor.

Pode-se indicar que diversos motores já se utilizam de sua própria topologia para realizar o movimento e medir a própria posição e rotação.

Figura 8.27 – Exemplo de funcionamento de encoder tacômetro, incremental e absoluto

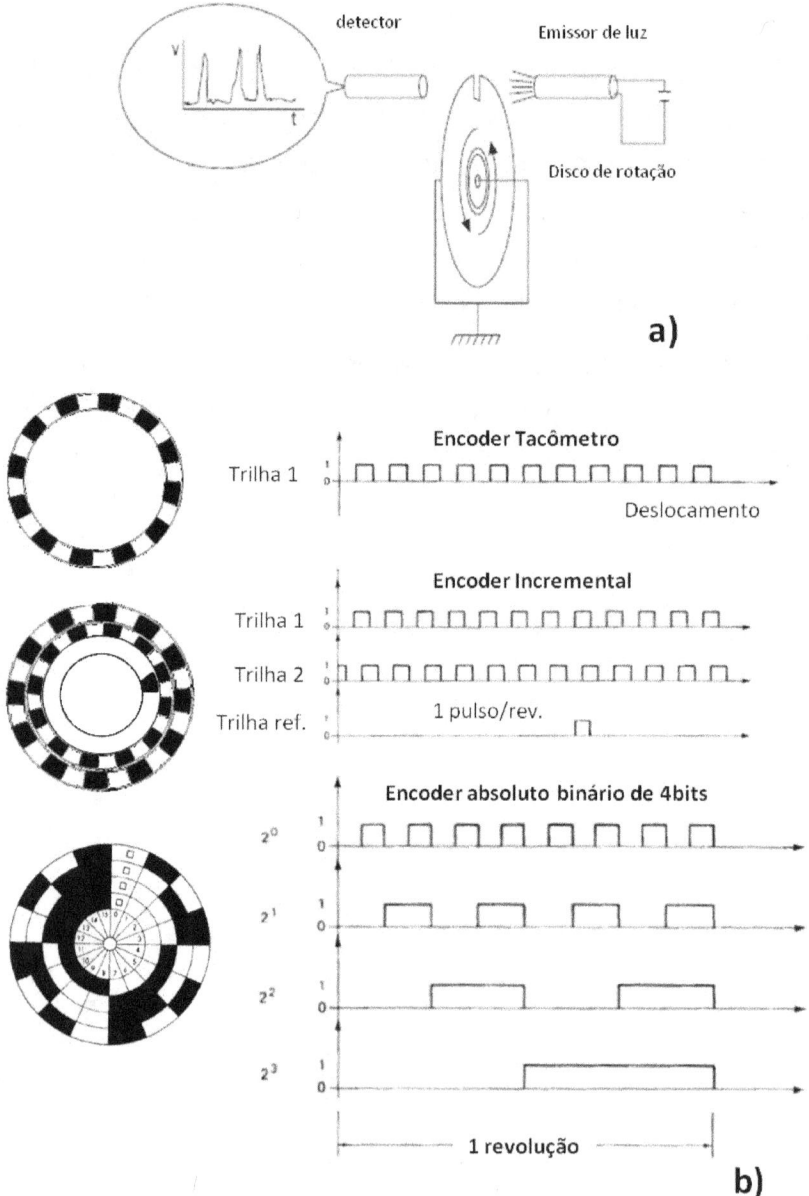

8.3 Processamento de Sinais

Após a fase de aquisição de dados, faz-se necessária a realização de um tratamento dos dados armazenados e consequente análise. Este tratamento é chamado de processamento de sinais, que nada mais é que a forma que estes dados adquiridos no experimento serão transformados e correlacionados antes de serem analisados (GATTI AND FERRARI 1999; HARRIS AND PIERSOL 2002; MCCONNELL AND VAROTO 2008).

Ao longo dos anos foram desenvolvidos diversos métodos de analises nos quais se destacam a análise espectral, correlação de média temporal, identificação de máximos e mínimos, a média quadrática (RMS) entre outras (GATTI AND FERRARI 1999; HARRIS AND PIERSOL 2002; MCCONNELL AND VAROTO 2008).

O método de análise espectral consiste no tratamento os dados que foram adquiridos em função do tempo e conversão para o domínio da frequência através da utilização de transformada de Fourier. Com isso, as principais formas de os dados podem ser analisadas são em relação às suas formas absolutas, em relação aos seus ângulos de fase e pelo gráfico Nyquist. (GATTI AND FERRARI 1999; HARRIS AND PIERSOL 2002; MCCONNELL AND VAROTO 2008)

Alguns modelos de módulos de aquisição de dados podem ter estes filtros embutidos no sistema, da mesma maneira que muitos deste podem também proporcionar a transformada de Fourier discreta (FFT – *Fast Fourier Transform*) dos dados adquiridos(GATTI AND FERRARI 1999; HARRIS AND PIERSOL 2002; MCCONNELL AND VAROTO 2008).

8.3.1 Condicionamento e transdução básica de sinais

De acordo com o tipo de sensor utilizado no experimento, faz-se necessário o emprego de condicionamento e transdução do sinal proveniente do sensor. Desta forma, sendo possível realizar a aquisição de dados de forma adequada.

Por exemplo pode ser observado em sensores resistivos, visto que o valor ohmico destes sensores varia conforme uma propriedade física, como temperatura, luminosidade e força. Para estes tipos de sensores, faz-se necessário a transdução desta variação em forma de tensão, visto que os principais aquisitores de dados e sistemas de controle utilizam tensão ou corrente como métrica operacional.

Neste caso, os principais condicionadores são divisores de tensão e pontes de Wheatstone, sendo divisores de tensão instrumentos de deflecção e pontes de Wheatstone instrumento de cancelamento ou instrumento diferencial.

Com relação aos divisores de tensão, pode-se indicar 2 layouts básicos: PullDown e PullUp, conforme apresentado na Figura 8.28.

Figura 8.28 – Exemplo de Layout de divisores de tensão: a) PullDown; b) PullUp

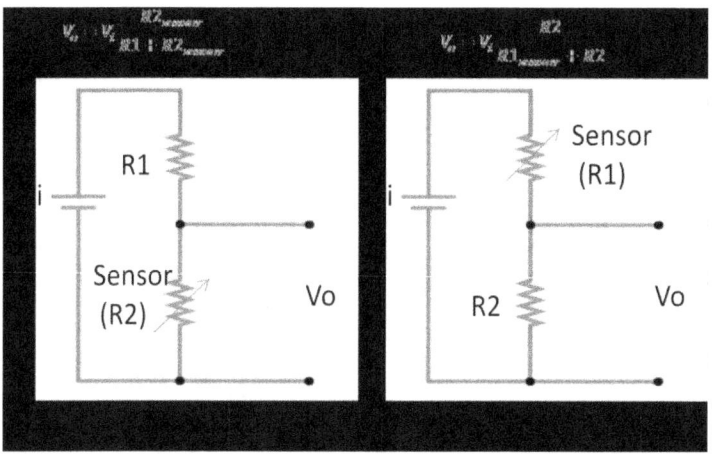

O layout pullDown apresenta como característica básica de ter o sensor localizado entre o nó de saída de tensão Vo e o terra. Desta forma, fazendo com que a tensão de saída zere quando o valor de resistência for zero. Por esse motivo do nome PullDown ou "empurrando para baixo".

Por outro lado, o layout PullUp apresenta o sensor em entre a tensão de alimentação positiva e a tensão de saída, fazendo com que a tensão de saída seja igual a tensão de entrada quando o valor de resistência do sensor for zero.

Figura 8.29 – Exemplo de tensão de saída em função de variação de resistência de sensor: a) PullDown; b) PullUp

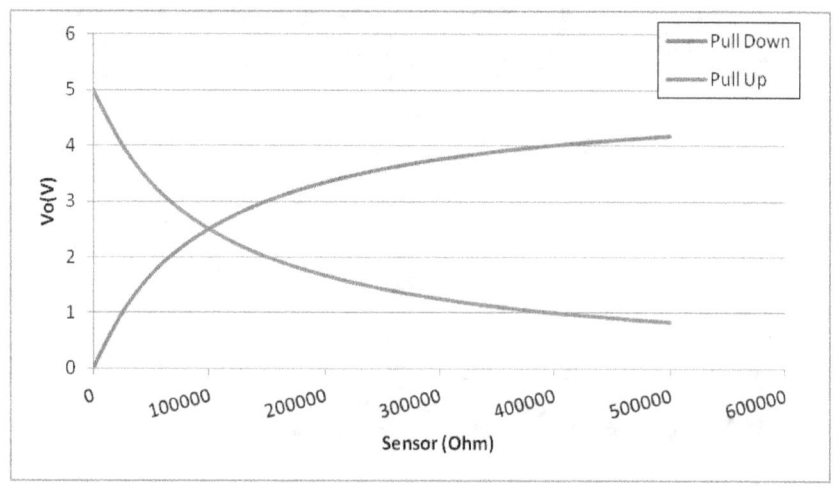

Pode-se também indicar que apesar da simplicidade este tipo de instrumento, o mesmo apresenta algumas desvantagens. Devido a sua característica operacional, os valores de tensão apresentam comportamento exponencial mesmo para sensores lineares.

A Figura 8.29 apresenta um comparativo entre os dois layouts básicos de divisores de tensão. Neste comparativo, curva de tensão de saída são apresentadas em função da variação da resistência do sensor.

Outra forma de se condicionar sinais de sensores resistivos é a ponte de Wheatstone, conforme apresentado em Figura 8.30. Neste caso, a medição é diferencial, podendo ser marcado como a diferença entre resistor 1 e sensor (considerando resistências R3 e R4 com mesmo valor).

. Outro ponto também interessante de ser apontado é que diversas configurações de ponte de Wheatstone resultam em maior linearidade de tensão de saída. Com isto, identifica-se um aumento de facilidade de projeto e calibração dos instrumentos, além de maior controle na manipulação de dados.

Figura 8.30 – Exemplo de ponte de Wheatstone com sensor em layout: a) PullDown; b) PullUp

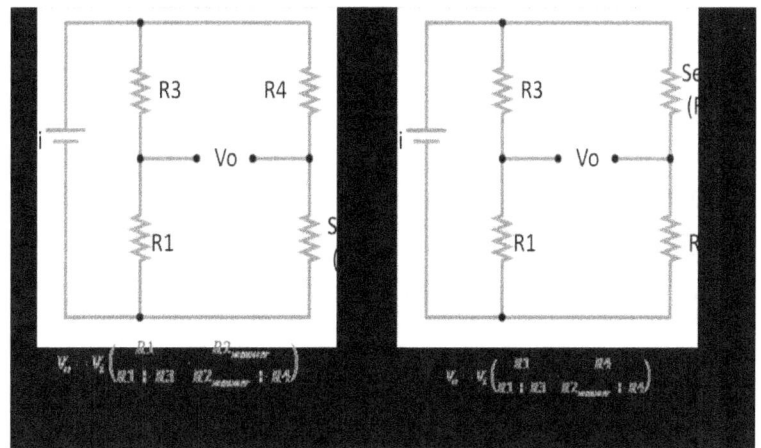

Um comparativo entre tensão de saída de ponte de Wheatstone e divisor de tensão é apresentado na Figura 8.31. Nesta figura, pode-se observar que tensão de saída vinda de ponte de Wheatstone apresenta maior linearidade, sendo o fator de correlação R^2 igual a 0.9655, contra 0.7877 do divisor de tensão.

Figura 8.31 – Comparativo entre tensão saída de ponte de Wheatstone e divisor de tensão, ambos com sensor em layout PullUp

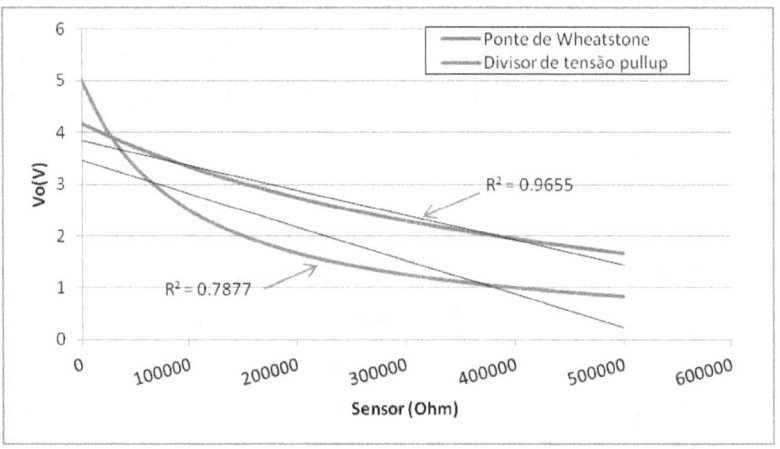

Outro ponto interessante é que a ponte te Wheatstone proporciona valores diferenciais, sendo normalmente empregados sensores compensadores nos resistores R1, R3 e R4, conforme aplicação.

Para sinais com variação muito pequena, como por exemplo strain gauges ou extensômetros, há ainda a necessidade de amplificação do sinal para que a análise possa ser realizada de forma adequada.

Pata tal, utiliza-se te componentes eletrônicos chamados de amplificadores operacionais para proporcionar um ganho no sistema. Ou seja, o ganho representa o aumento ou redução proporcional de entre valor de saída sob valor de entrada do instrumento de medição.

A Figura 8.32 apresenta um exemplo de amplificadores em layout invertido e layout não invertido. Pode-se indicar que a diferença básica entre estes layouts é a polaridade de saída do sinal. Ou seja, se o sinal de entrada for uma senóide, o amplificador invertido proporcionará um sinal de saída cossenoidal. Em contraste, o amplificador não invertido proporcionará uma saída senoidal.

Figura 8.32 – Exemplo de amplificador simples com layout invertido e não invertido

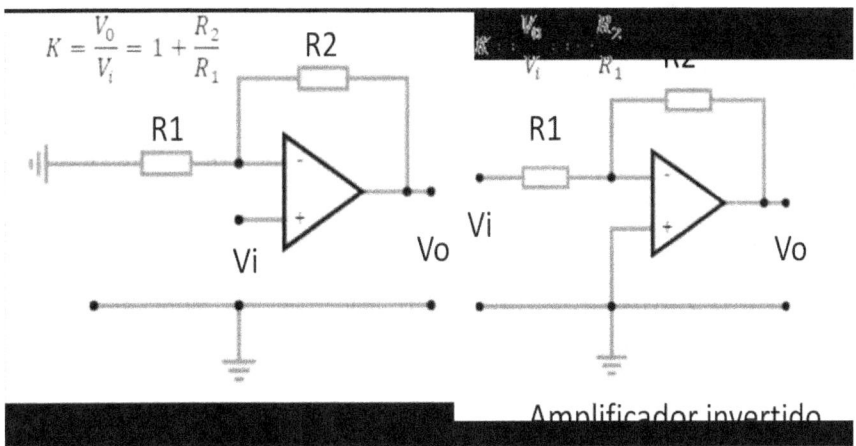

Amplificador invertido

Estas duas abordagens são interessantes para análise comparativa diferencial entre sinais, além de filtros, sistemas de controle e sistemas de cancelamento de sinal.

Outro tipo de condicionador de sinal pré-aquisição é o filtro anti-aliasing, que filtra pseudosinais gerados por subamostragem e janelamento. Neste caso, normalmente são utilizados filtros passa baixa e passa faixa. Maiores detalhes sobre estes filtros serão apresentados nos próximos capítulos.

8.3.2 Filtros

Tendo em vista que todos os experimentos estão sujeitos a ruídos e perturbações do ambiente, faz se necessário a utilização de filtros para que o sinal analisado corresponda ao sinal real. Por este motivo, os filtros são de suma importância em trabalhos experimentais de forma a isolar o sistema, equipamentos e instrumentação.

Os 4 principais tipos de filtros utilizados para condicionamento do sinal são: o filtro passa-alta (*High-Pass*), que anula as frequências mais baixas, o filtro passa-baixa (Low-Pass), no qual anula frequências mais altas, o filtro passa-banda (Band-Pass), que permite a passagem de apenas uma faixa de frequência determinada pelo usuário e por fim o filtro corta-banda (Band-Cut) que anula uma faixa de frequência determinada.

A seguir, as respostas em frequência de acordo com os tipos de filtros são mostradas na Figura 8.33 (GATTI AND FERRARI 1999; HARRIS AND PIERSOL 2002; MCCONNELL AND VAROTO 2008).

Figura 8.33 – Resposta da frequência de acordo com os tipos de filtros: (a) passa-baixa (*Low-Pass*), (b) passa-alta (*High-Pass*), (c) passa-banda(*Band-Pass*) e (d) corta-banda(*Band-cut*)

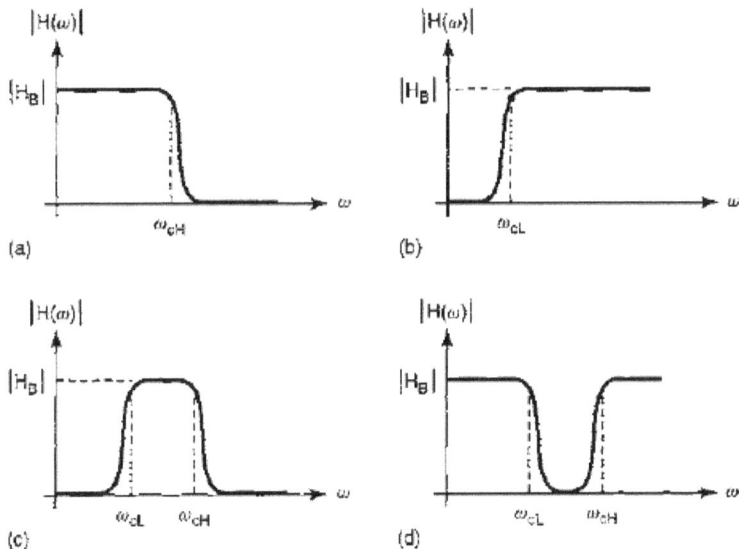

Fonte: GATTI AND FERRARI (1999)

Estes filtros podem ser executados de várias formas, onde o erro das frequências de corte é calculado de forma prática através de ordem do filtro. Ou seja, a equação do numerador da função de transferência resulta em equações de n graus. Por exemplo, um filtro de 1 ordem resulta em uma equação em função de Laplace ou frequência de primeiro grau.

Filtros Butterworth, Bessel e Chebyshev são exemplos método de projeto de filtros e aproximação numérica de filtros com ordens maiores. Neste caso, cada incremento de ordem do filtro resulta de um novo polo, assim como a aproximação a um filtro ideal, como ilustrado em Figura 8.34.

Figura 8.34 – Comparação entre resposta de filtros ButterWorth de diferentes ordens

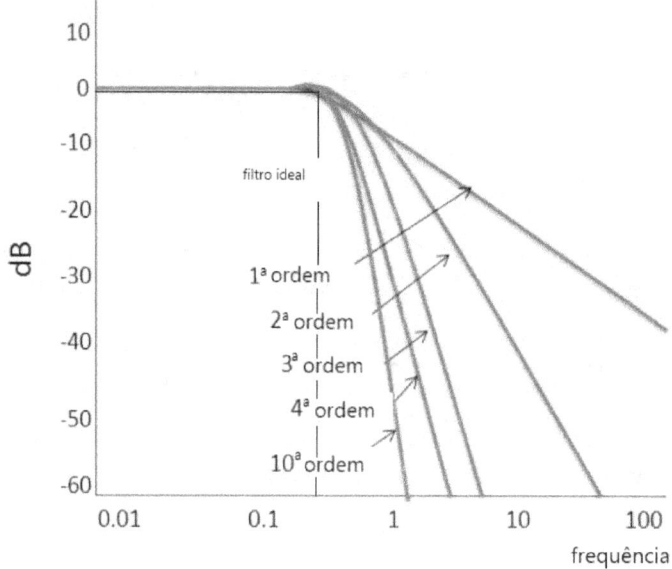

Pode-se indicar que estes filtros podem apresentar características passivas ou ativas, conforme o tipo de componente eletrônico utilizado. Filtros passivos não adicionam energia ao sistema, enquanto filtros ativos adicionam, desta forma, minimizando problemas de distúrbios e ruídos externos ao sistema.

Figura 8.35 – Esquema elétrico de filtros passivos RC, RL e RCL: a) passa-baixa (*Low-Pass*), passa-alta (*High-Pass*), passa-banda(*Band-Pass*) e corta-banda(*Band-cut*)

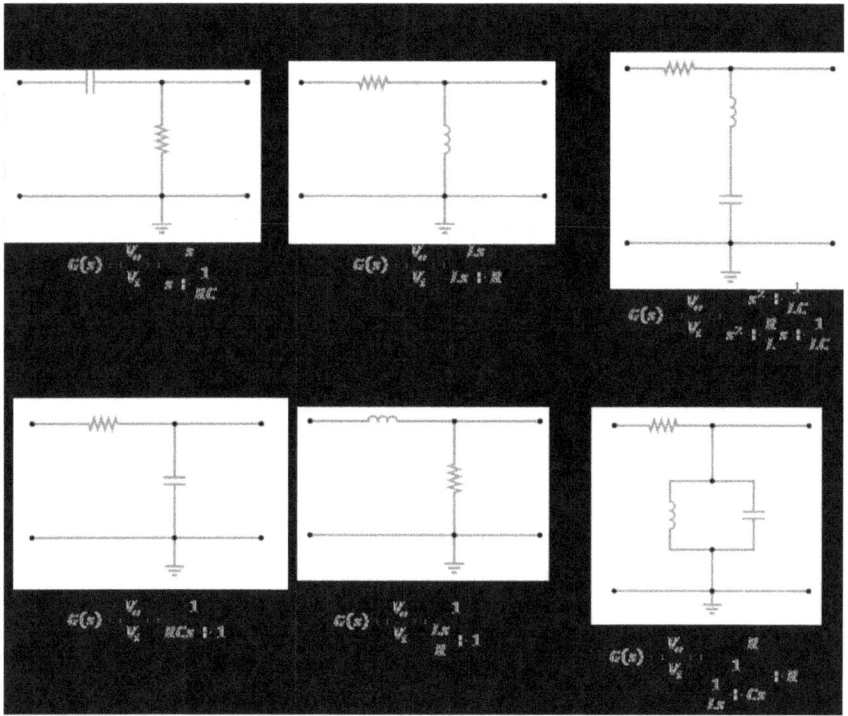

Entre os filtros passivos, destacam-se os filtros RCL, baseados em Resistências, Capacitores e Indutores. Na Figura 8.35 são apresentados filtros passivos de 1ª e 2ª ordem, assim como suas funções de transferências. Desta forma, sendo possível identificar frequências de corte e projetar filtro desejado através da determinação de valores de componentes.

Ao utilizar um componente eletrônico ativo chamado amplificador operacional, o processamento de sinais apresenta uma nova perspectiva, visto que a indutância de entrada tende a infinito, além de que amplificadores operacionais proporcionam ganho ao sistema. Ou seja, estes componentes amplificam a magnitude do sinal de entrada. Pode-se também indicar que amplificadores operacionais (op amp) também comparam a tensão de entrada do sistema com a uma tensão de referência, resultando em um sinal de saída com uma curva característica sigmoidal.

Figura 8.36 – Esquema elétrico geral de filtros ativos de primeira ordem não invertidos e invertidos

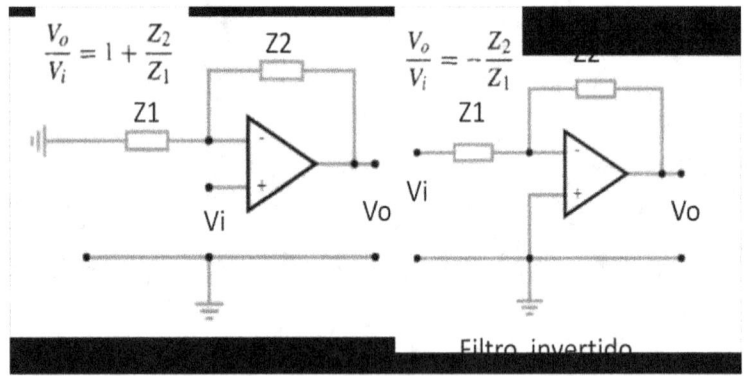

A Figura 8.36 apresenta um esquemático geral para projeto de filtros ativos de primeira ordem invertidos e não invertidos. Desta forma, pode-se indicar o tipo de filtro através da relação entre indutâncias Z1 e Z2.

Desta forma, pode-se projetar os principais tipos de filtro empregados para análises experimentais de vibrações conforme apresentado na Figura 8.37

Figura 8.37 – Esquema elétrico geral de filtros ativos de primeira ordem passa alta, passa baixa, passa banda, corta faixa

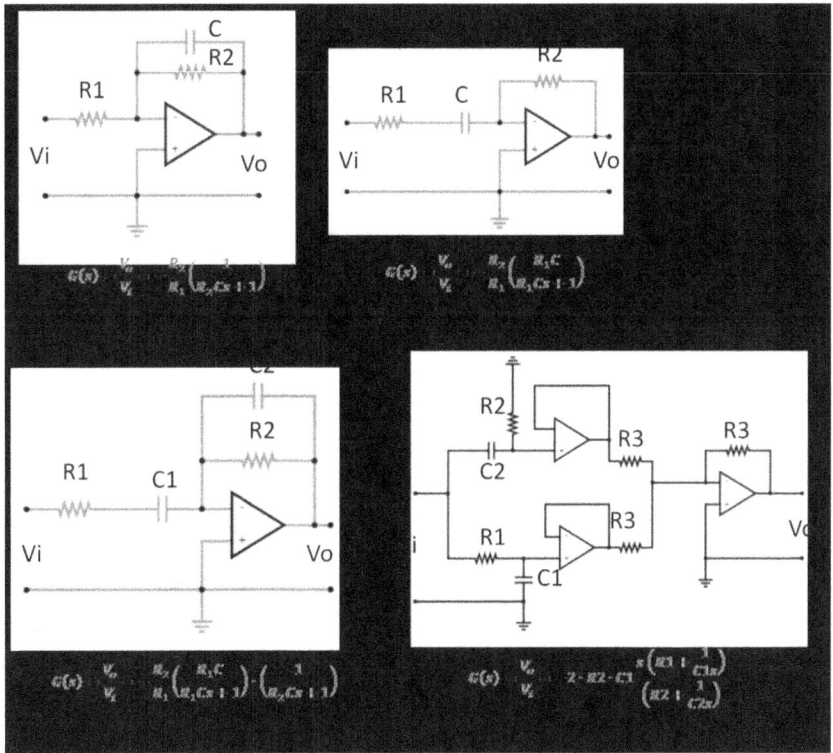

Através destes filtros, ruídos e sinais não desejáveis podem ser isolados e eliminados do experimento antes mesmo da aquisição de dados, de forma que a aquisição possa ser realizada da forma mais direta possível.

Um exemplo sobra aplicação de filtros pode ser apresentado na Figura 8.38, onde um filtro ativo passa baixa foi utilizado para remover ruídos de um sinal experimental.

Figura 8.38 – Exemplo de aplicação de filtro passa baixa para remoção de ruídos de sinal

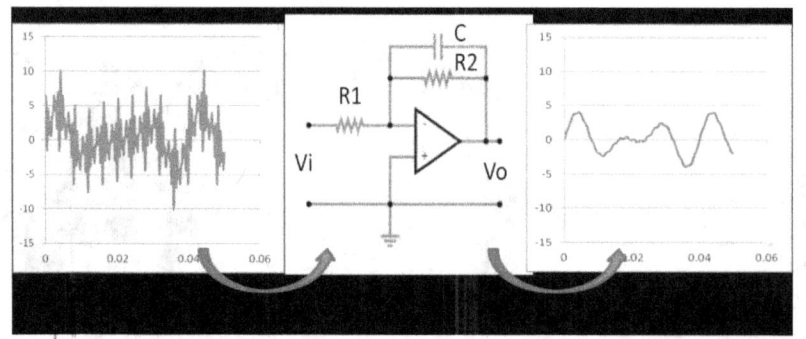

8.3.3 Lista de Componentes para processamento de sinais e controle

Com o objetivo de facilitar o desenvolvimento de instrumentação para análise experimental de vibrações, esta seção apresenta uma lista dos principais componentes utilizados para fabricação de sistemas de controle, filtros e aquisitores de dados.

Os principais componentes necessários para fabricar estes sistemas são: Amplificadores operacionais, Comparadores, conversor analógico digital e conversor de tensão -frequência. Por isso, este livro apresenta uma lista dos principais códigos destes componentes. Desta forma, torna-se fácil procurar em lojas de eletrônica especializadas por estes componentes e componentes alternativos.

A Tabela 8.1 apresenta uma lista dos principais amplificadores operacionais empregados na confecção de filtros e sistemas de controle. Desta forma, esta lista relaciona componentes alternativos para execução de um projeto, em caso de falta de um determinado componente em seu fornecedor ou distribuidor.

Pode-se também indicar que através desta lista, torna-se mais fácil pesquisar por projetos prontos em meios de comunicação, livros e datasheet dos próprios componentes.

Tabela 8.1 – Lista dos principais amplificadores operacionais utilizados para fabricação de sistemas de controle, filtros e aquisitores de dados

	código de componente	Descrição
amplificadorer operacionais	LM10	Op-amp com tensão referencial ajustavel
	LM101 LM301	op-amp de uso geral e compensação externa
	LM118 LM218 LM318	op-amp de precisão e alta velocidade para uso geral com comparador externo
	LM321	op-amp dual baixa potencia
	LM124 LM224 LM324 LM2902	op-amp quadruplo uso geral largamente usado
	LM346	op-amp quadruplo programável
	LM148 LM248 LM348	op-amp quadruplo uso geral largamente usado
	LM158 LM258 LM358 LM2904	op-amp dual de baixa potência
	LM392	op-amp dual baixa potencia e comparador
	LM432	op-amp dual com tensão de referência fixa (2.5V)
	LM611	op-amp com tensão referencial ajustavel
	LM614	op-amp quadruplo com tensão referencial ajustavel
	LM675	op-amp de potencia com corrente máxima de saida de 3A
	LM741	op-amp uso geral largamente usado
	LM748	op-amp uso geral com compensação externa
	LM833	op-amp dual de alta velocidade para audio
	LM837	op-amp quadruplo com baixo ruido
	LM363	op-amp de precisão para instrumentação
	LM359	amplificador de corrente programável de alta velocidade

Já a Tabela 8.2 apresenta uma relação dos principais comparadores, assim como de conversores analógico-digital e conversores tensão-frequência. Desta forma, facilitando a fabricação de sistemas de controle, e sistemas de aquisição de dados.

Tabela 8.2 – Lista dos principais comparadores, conversores AD e conversores tensão frequência utilizados para fabricação de sistemas de controle, filtros e aquisitores de dados

	código de componente	Descrição
Comparadores	LM306	comparador diferencial de alta velocidade com strobes
	LM111 LM211 LM311	comparador diferencial de alta velocidade com strobes
	LM119 LM219 LM319	comparador dual de alta velocidade
	LM139 LM239 LM339 LM2901	comparador quadruplo
	LM160	comparador de alta velocidade com saida ttl complementar
	LM360	comparador de alta velocidade com saida ttl complementar
	LM361	
	LM193 LM293 LM393 LM2903	comparadores de fornecimento amplo
	LM397	comparador de uso geral e entrada com modo de inclusao de aterramento
	LM613	comparador e op-amp dual com referência ajustavel
conversores analógico-digital	74x500	conversor AD tipo flash com 6-bits
	74x502	conversor AD tipo aproximação sucessiva com 8-bits com registrador
	74x503	conversor AD tipo aproximação sucessiva com 8-bits com registrador e controle de expansão
	74x504	conversor AD tipo aproximação sucessiva com 12-bits com registrador e controle de expansão
	74x505	conversor AD tipo aproximação sucessiva com 8-bits
	LM331	conversor tensão-frequência de precisão (1-100kHz)

8.4 FFT e Janelamento ("*windowing*")

Conforme fora apresentado nos capítulos anteriores, a transformada de Fourier é uma das formas mais práticas de se analisar um sistema dinâmico vibracional. A definição de transformada de Fourier é caracterizada por ser uma integral, para funções contínuas periódicas.

$$\mathcal{F}\{f(t)\} = \int_{-\infty}^{\infty} f(t) \cdot e^{-j\omega t} dt \qquad (66)$$

Sendo que a transformada inversa de Fourier é:

$$\mathcal{F}\{f(t)\}^{-1} = \frac{1}{2\pi}\int_{-\infty}^{\infty} f(t) \cdot e^{j\omega t} dt \qquad (67)$$

Contudo, o processo de aquisição de dados implica na discretização de dados em função do tempo. Desta forma, a transformada discreta de Fourier (DFT) proporciona resultados discretos.

Como definição, a DFT é marcada por

$$DFT(x) = X_k = \sum_{0}^{n-1} x_n \cdot e^{-\frac{j2\pi}{N}kn} \qquad (68)$$

onde:

k é o índice sequencial da DFT do sinal

n é o índice sequencial do sinal

X_k é o valor DFT do sinal no índice k

x_n é o valor do sinal no índice n

N é o número total de amostras de x(n)

Consequentemente, a transformada inversa discreta de Fourier pode ser definida como:

$$iDFT(x) = x_n = \frac{1}{N}\sum_{0}^{n-1} X_k \cdot e^{\frac{j2\pi}{N}kn} \qquad (69)$$

Conforme teorema de Euler o termo exponencial pode ser resultado de soma de cossenos e senos, conforme apresentado abaixo.

$$e^{-j\omega t} = \cos(\omega t) - j\sin(\omega t) \qquad (70)$$

Assim, outra forma de representação de DFT é através de soma de senos e cossenos, assemelhando-se com série de Fourier.

$$DFT(x) = X_k = \sum_{0}^{n-1} x_n \cdot \left[\cos\left(\frac{2\pi}{N}kn\right) - j\,\text{sen}\left(\frac{2\pi}{N}kn\right)\right] \qquad (71)$$

Assim como a IDFT resulta em:

$$iDFT(x) = x_n = \sum_{0}^{n-1} X_k \cdot \left[\cos\left(\frac{2\pi}{N}kn\right) + j\,\text{sen}\left(\frac{2\pi}{N}kn\right)\right] \qquad (72)$$

Ao implementar estas equações de DFT e IDFT, ainda é necessário que algumas características sejam observadas.

A DFT é uma aproximação discreta da transformada de Fourier, desta forma seu resultado é uma função discreta, em vez de ser uma função da frequência. Logo, para uma análise em função do da frequência, faz-se necessária a criação de um vetor de frequência equivalente à DFT, onde:

$$\omega_n = d\omega \cdot n = \frac{S}{N} \cdot n \tag{73}$$

onde:

$d\omega$ é o incremento de frequência

S é a taxa de amostragem de aquisição de dados (1/dt)

ω_n é a frequência equivalente ao índice n

Outro aspecto relativo à DFT relaciona-se com a magnitude. Sabendo que a DFT é uma função discreta, a magnitude de resposta não corresponde diretamente à magnitude obtida em transformada de Fourier.

Logo, as unidades comuns de medida de magnitude da DFT são normalmente atrelado a condições gerais de funções senoidais: a) pico-a-pico (peak-to-peak), pico e média quadrada (RMS), Figura 8.39.

Figura 8.39 – Unidades comuns de medida de DFT.

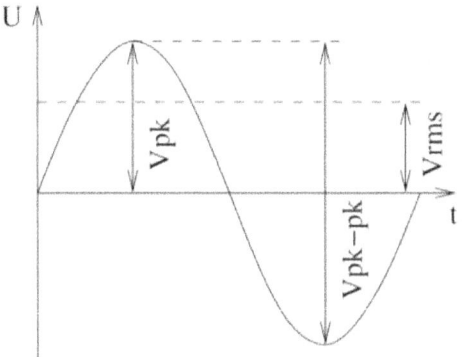

Sendo assim estes valores são obtidos partir da DFT através de multiplicação de coeficientes de conversão:

Pode-se adicionalmente indicar que as análises de magnitude também são comumente atreladas às escalas logarítmicas, sendo representado em Decibéis. Neste caso, os valores correspondem a:

$$X_{db} = 20\log\left(\frac{X}{X_{ref}}\right) \tag{74}$$

Outro aspecto relacionado à discretização do sinal é a a janela de amostragem de sinal, pois ao realizar um corte de um sinal periódico, perde-se informação implicando de uma resposta de DFT que apresenta frequências de vazamento (*leakage*), como apresentado na Figura 8.40

Tabela 8.3 – Relação de unidades de magnitude de DFT

Tipo de unidade de medida	Equação equivalente
Pico	$DFT_{pico} = \dfrac{1}{N} DFT$
Pico a pico	$DFT_{pico} = \dfrac{2}{N} DFT$
RMS (média quadrada)	$DFT_{pico} = \dfrac{\sqrt{2}}{N} DFT$

Por este motivo, durante o processo de aquisição de ou processamento de sinais normalmente são aplicados janelamentos (Windowing) que reduzem vazamento de sinal e permitem uma análise do sinal de forma mais precisa.

Uma das formas de se reduzir o vazamento de sinal é através da aproximação de número amostral a uma potência de 2. Ou seja, se a sua amostragem é de 100 pontos, o ideal é que sua amostragem seja ampliada para 128 pontos ou reduzida para 64 pontos.

Entre principais tipos de janelamento, destacam-se Hanning, Hamming, Blackman, embora o janelamento de hanning seja satisfatório para 95% dos casos.

Cata tipo de janelamento proporciona uma variação de amplitude de sinal, implicando em variação de em domínio de frequência, como pode ser observado na Tabela 8.4.

Figura 8.40 – Exemplo de vazamento causado por janela de corte com defasagem

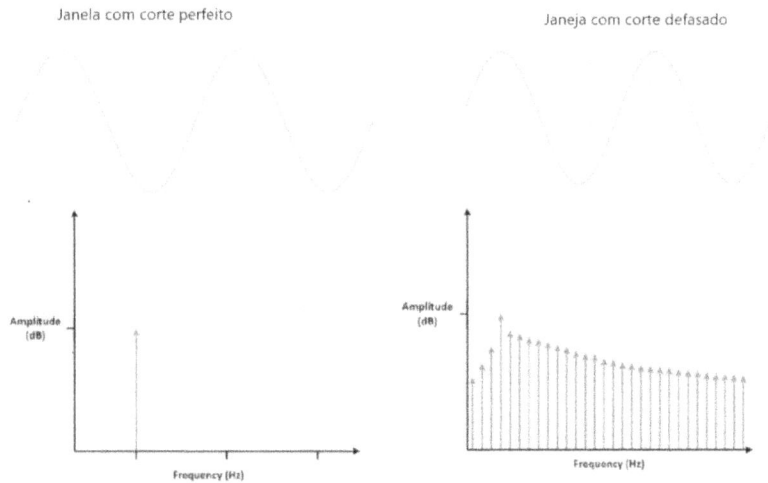

Nesta tabela, os quatro tipos mais comuns de janelamento são apresentados, assim como suas equações, tipo de distribuição e efeito na frequência.

Outro ponto interessante que se considerar é que cada um dos janelamentos tem uma finalidade mais apropriada para cada tipo de teste vibracional, como por exemplo: um janelamento flat-top de um sinal que dois picos de frequências predominantes próximos incorpora ambas as frequências como sendo uma, enquanto um janelamento de hanning permite a identificação de cada uma das frequências, conforme apresentado na Figura 8.41

Tabela 8.4 – Comparativo entre Janelamentos mais comuns

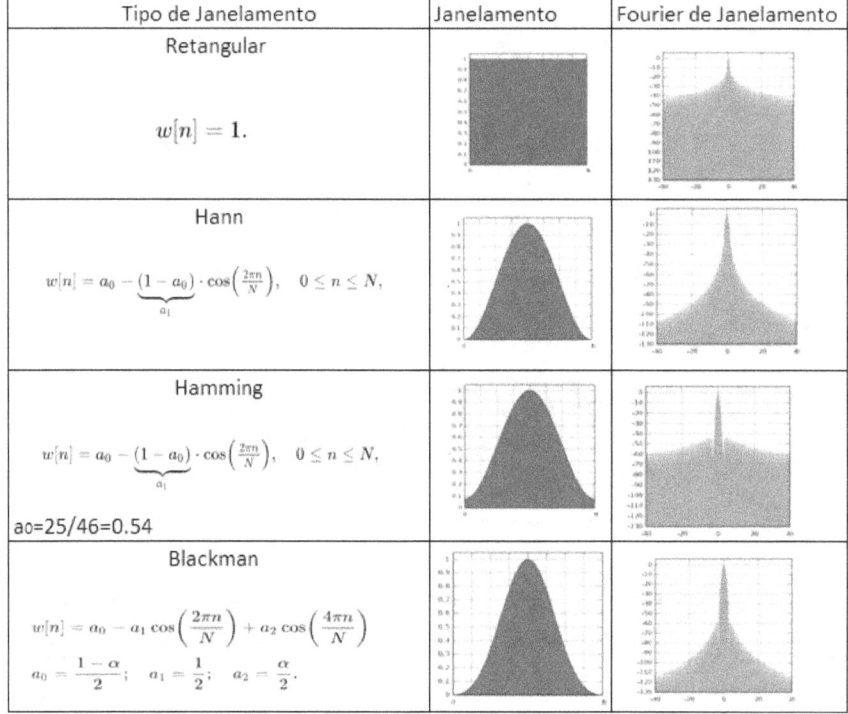

Como consequência desta distinção de aplicação entre tipos de janelamento, a Tabela 8.5 indica as principais recomendações de aplicação e coeficientes para cada um dos janelamentos mais comuns aplicados à experimentação vibracional.

Figura 8.41 – Comparativo entre janelamento de hanning e janelamento flattop para identificação de pico de frequências próximas

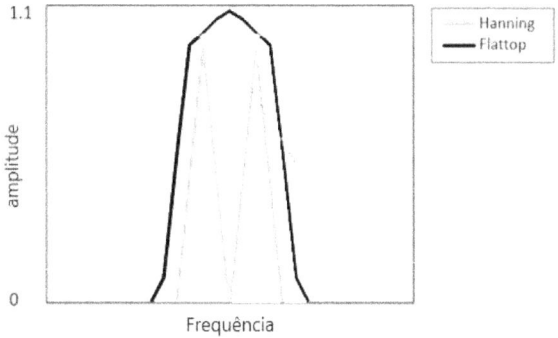

Tabela 8.5 – Lista de recomendações de aplicação, e coeficientes para janelamentos mais comuns aplicados à experimentos de vibração

Filtros	aplicação
Hanning	Ondas senoidais e combinação
	Sinal aleatório com faixa estreita (datos de vibração)
	Sinal desconhecido
flat top	precisão para medições de amplitude de um tom
	ondas senoidais quando amplitudo é importante
Uniform	Ruido branco (aleatório banda larga)
	espacamento entre picos de frequências pequeno
Hamming	espacamento entre picos de frequências pequeno
Força	sinal de excitação (martelo de impacto)
Exponencial	Sinais de resposta
Kaiser Bessel	espacamento entre picos de frequências pequeno

9 Controle de vibração

Neste capítulo, os principais métodos de controle de vibração serão introduzidos, além de serem salientada a importância de aplicação de sistemas de controle de vibração para aumento de segurança, qualidade de produtos, aumento de vida útil e manutenção.

Neste capítulo, além de serem apresentados conceitos de controle ativos e passivos em malha aberta e malha fechada, exemplos de aplicação desmistificam a dificuldade em implementar estes sistemas.

9.1 Tipos de controle

Pode-se indicar que existem diversas formas de se controlar sistemas mecânicos. Contudo, quando se trata de vibração, pode-se indicar que as principais medidas de controle são relacionadas à critérios espaciais: como posição, rotação, aceleração, velocidade, tensão, deformação, entre outros.

De forma geral, sistemas vibracionais são geralmente controlados através de 3 princípios: redução de fonte; isolamento, redução de resposta. Contudo, para ser realizado um controle de vibração de forma adequada, deve-se considerar que a estrutura ou produto é um sistema. Desta forma, pode-se aplicar teoria de controle moderno para realizar controle de vibração de tal sistema.

De forma geral, pode-se indicar que um sistema é um processo onde uma ou várias entradas sofrem uma transformação dentro de um processo resultando em uma ou várias saídas Figura 9.1. No caso de vibração, as respostas obtidas do sistema normalmente são: deslocamento, velocidade, aceleração e ruído.

Figura 9.1 – Exemplo de sistema

Por exemplo, uma viga em balanço pode ser considerada um sistema, onde uma força na extremidade resulta em deslocamento de deflexão, conforme apresentado na Figura 9.2.

Neste caso, o sistema a proporção entre o valor de saída e o valor de entrada ($G = \frac{\delta[m]}{F[N]}$) é chamada de função de transferência. Contudo, existem diversos nomes aplicados para esta função, como por exemplo linha de influência.

Para realização do controle de um sistema, pode-se realizado de 2 forma principais: a) ativa, onde o sistema de controle adiciona de energia no sistema; e b) passiva, onde o sistema de controle não adiciona energia ao sistema.

Figura 9.2 – Exemplo de uma viga em balanço representada conforme diagrama de blocos de sistema

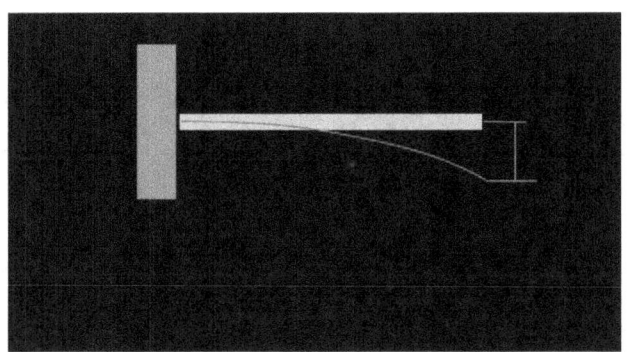

A Figura 9.3 apresenta um comparativo esquemático entre sistema de controle passivo (b) e ativo (c) de um sistema de um grau de liberdade (GDL) (a).

Neste caso, o sistema de controle passivo é do tipo inercial, aumentando o grau de liberdade do sistema. Desta forma, a frequência natural original do sistema de 1GDL é alterada de forma que o sistema pode ser operacional nesta faixa de frequência.

Entre os principais tipos de controle de vibração passivos, destacam-se:

- Sistema de isolamento
- sistema de estabilização inercial
- ajuste de projeto
- amortecimento complementar

- sistema de amortecimento e rigidez auto-ajustável

Figura 9.3 – Exemplo comparativo entre esquemático de sistema de controle de vibração ativo e passivo

Por outro lado, o sistema ativo coleta valores de deslocamento, aceleração ou velocidade a partir de um sensor de forma a alimentar um sistema compensador. Por sua vez o sistema compensador aciona um acionador, como por exemplo um pistão hidráulico de acordo com demanda. Neste caso, normalmente aplica-se uma força na mesma frequência da excitação com uma defasagem de 180°.

Entre as principais formas de controle ativo de vibração, destacam-se os atuados por:

- pistões hidráulicos
- pistões pneumáticos
- servomotores
- excitadores inerciais
- solenoides proporcionais

Contudo, existem ainda diversas estratégias controle ativos que não serão abordadas neste livro para realizar o controle de vibração de uma estrutura ou produto. Desta forma, estudos aprofundados em teoria de controle faz-se necessária.

Outra abordagem relacionada ao controle de sistemas é caracterizada pelo tipo de malha do sistema. Neste caso, podem-se classificar 3 tipos de controle: a) malha aberta; b) malha fechada (sistema retroalimentado); c) malha semi-aberta.

Na Figura 9.4, um comparativo entre sistema de controle em malha aberta (a) e sistema de controle em malha fechada(b) é apresentado.

Nesta figura, pode-se observar que o sistema é controlado por meio de um atuador que é acionado por um sinal de entrada desejado.

Por outro lado, o sistema de controle em malha fechada apresenta a medição de resposta de saída através de sensor. Este valor vindo do sensor é comparado com valor de entrada (valor desejado) de forma que um sinal de erro (divergência entre entrada e sensor) aciona o atuador.

Figura 9.4 – Comparação entre sistema de controle em malha aberta e malha fechada

9.2 Controle passivo

Conforme visto anteriormente, os principais tipos de controle de vibração passivo destacam-se por ser sistemas complementares de produtos ou estruturas de forma a isolar o sistema, reduzir fontes de vibração ou reduzir amplitude de respostas.

Pode-se indicar que sistemas de isolamento tem como principal objetivo a redução de fontes de vibração ou redução de resposta do sistema. Enquanto sistemas de absorção inerciais buscam reduzir resposta do sistema.

Com relação à sistemas de amortecimento complementares tem como principal objetivo a redução da resposta do sistema de forma corretiva, visto que a definição correta de amortecedores e elementos acumuladores num projeto de um produto ou estrutura elimina a necessidade de um amortecedor complementar.

Com relação a sistema de rigidez e amortecimento ajustável, o objetivo principal é alterar a função de transferência através de um sistema de controle retroalimentado. Desta forma, pode-se por exemplo alterar em tempo real a frequência natural de um sistema de forma que a mesma não coincida com faixa de operação do sistema.

9.2.1 Sistema de isolamento

Com relação aos sistemas de isolamento, pode-se indicar que é uma das estratégias controle de mais baratas a serem implementadas em produtos e estruturas.

De uma forma geral, sistemas de isolamento consistem em aplicação de molas e amortecedores na interface entre fonte de excitação e sistema, ou na interface entre apoios (reações) e sistema. Ou seja:

- Isolamento de força (relativo à transmissibilidade de força)
- Isolamento de movimento (relativo à transmissibilidade de movimento)

Figura 9.5 – comparativo entre sistema sem isolamento (a), sistema com molas de isolamento (b), sistema com bloco inercial (c), sistema com massa sísmica (d)

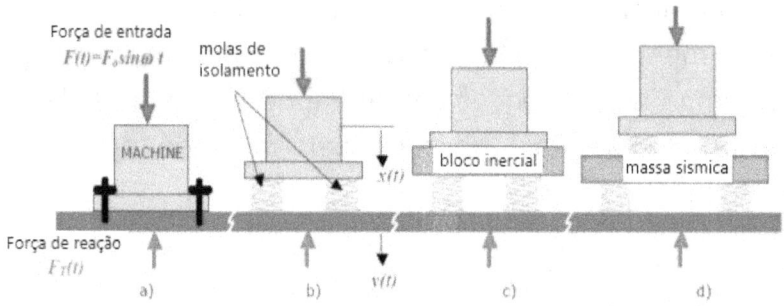

Para exemplificar tais formas de isolamento, Figura 9.5 apresenta um comparativo entre equipamentos chumbados em fundação, sistema com mola de isolamento, sistema de controle com bloco inercial e sistema de controle com massa sísmica.

Pode-se indicar que estes sistemas são amplamente aplicados para controle de vibração com excitação em base em edificações em adição à sistemas com chapas de atrito, Figura 9.6. Neste exemplo, o sistema isola a edificação da fonte de vibração (sismo).

Figura 9.6 – Comparação entre edificação sem e com sistema de isolamento

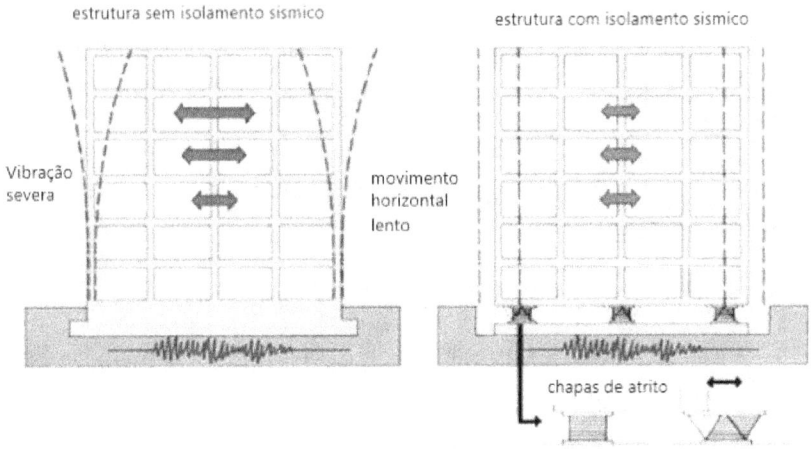

9.2.2 Sistema de estabilização inercial

Outra forma de controle vibracional é através de sistemas de estabilização inerciais. Neste caso, sistema massa-mola-amortecedor é adicionado ao sistema primário de forma a aumentar o grau de liberdade do sistema.

Como consequência, ocorre uma alteração dos picos de ressonância do sistema, de forma que o pico de ressonância original deixa de existir. Um projeto de sistema de estabilização inercial bem realizado indica ainda que este ponto se torna uma anti-ressonância do sistema.

Um exemplo de aplicação deste tipo de estabilizador pode ser observado em arranha-céus. Neste caso, Blocos inerciais são fixados em suportes flexíveis. Consequentemente a medida que o edifício se movimenta, o bloco inercial se mantém na mesma posição em relação à referência externa (terra).

Contudo, este bloco se movimenta em sentido oposto ao movimento do edifício em relação ao próprio edifício. Com isto, ocorre uma compensação de forças que implica na estabilização do edifício. Este exemplo é ilustrado de forma simples na Figura 9.7.

Figura 9.7 – Exemplo de bloco inercial sendo aplicado para estabilização inercial em edifício

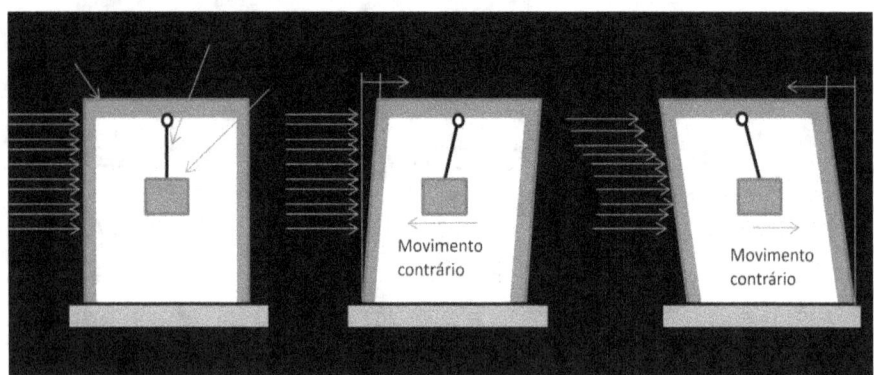

Pode-se também indicar que este tipo de sistema pode também ser ativo, onde um atuador força o deslocamento do bloco inercial de forma a acelerar a estabilização do sistema. Um exemplo deste tipo de sistema é apresentado no esquemático da Figura 9.8.

Neste caso, um sensor retroalimenta o sistema de controle de forma que o atuador movimente o bloco inercial de forma que o mesmo reduza a amplitude de oscilação do edifício. Neste caso específico, o tipo de sistema de controle utilizado é ativo e de malha fechada.

Outros exemplos de sistemas de estabilização inercial passivos são discos inerciais em eixos e sistemas rotativos, anéis hidrodinâmicos ou anéis de LeBlanc e estabilizadores rotativos de esferas. Sobretudo, seus princípios de funcionamento são os mesmos do apresentado neste capítulo, mas com aplicações diferenciadas.

Figura 9.8 – Exemplo de controle ativo de vibração por bloco inercial (ATMD - Active Tuned mass damper), sendo aplicado para estabilização inercial em edifício

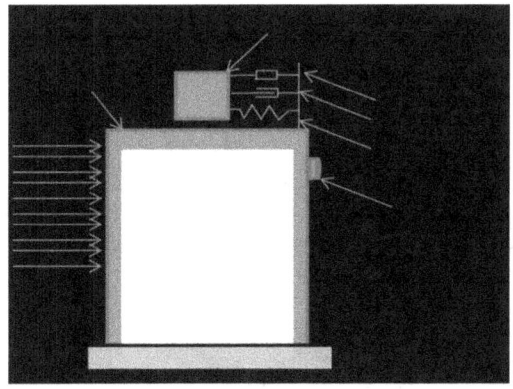

9.2.3 Amortecimento complementar

Em diversos casos, estruturas são subdimensionadas sobre o ponto de vista dinâmico e vibracional. por este motivo, sistemas de amortecimento complementares auxiliam a transformar a estrutura/produto/sistema em subamortecido.

Desta forma, a função de transferência primária é alterada por uma função de transferência secundária formada por amortecedores. Desta forma, pode-se representar o sistema de amortecimento complementar como uma retroalimentação do sistema primário.

Um exemplo deste tipo de aplicação foi observado na ponte do milênio (*Milenium Bridge*) em Londres, visto que logo após a sua inauguração, foi evidenciados sinais de vibração excessiva.

Figura 9.9 – Exemplo de sistema de amortecimento complementar

Por esse motivo, a ponte fora interditada para reforma e inclusão de amortecedores complementares, de forma que o deslocamento da ponte fosse reduzido.

A Figura 9.10 apresenta uma imagem da londrina ponte do milênio, onde é indicada posição de amortecedores complementares adicionados para controle de deslocamento lateral excessivo causado por caminhar de pessoas.

Podemos exemplificar este caso transformando a ponte em um modelo de 1 GDL, onde a função de transferência é o deslocamento do centro da ponte, em função da excitação no mesmo ponto.

Figura 9.10 – Imagem de ponte do milênio com alocação de amortecedores laterais para controle de vibração

Na Figura 9.11, um exemplo de amortecimento complementar aplicado a uma ponte treliçada, cujo modelo simplificado de 1 GDL é apresentado ao lado do esquemático plano da ponte.

Neste caso, pode-se indicar que a função de transferência é encontrada a partir da aplicação de uma força virtual no ponto de aplicação do carregamento solicitante.

A partir do deslocamento obtido desta força virtual, tem-se a rigidez do sistema (K=F[N]/ δ[m]). considerando a massa total da ponte, tem-se o coeficiente de inercia do sistema igual a M.

Figura 9.11 – Exemplo de sistema de amortecimento complementar aplicado a modelo de ponte treliçada representado com 1 GDL

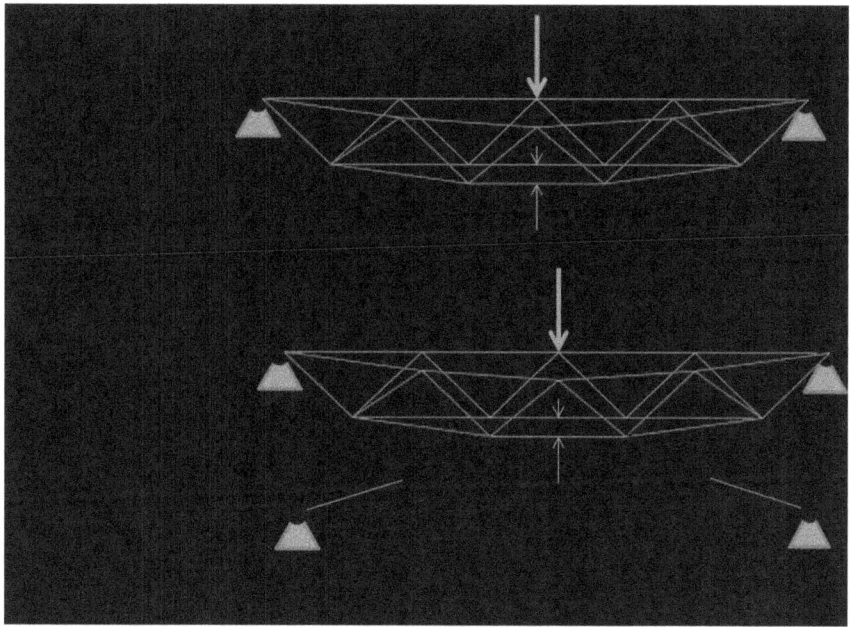

Pode-se também considerar que o atrito das juntas rotuladas proporciona dissipação de energia. Pode-se considerar de forma simplificada que o atrito total da ponte resulta do coeficiente de atrito entre encostos de juntas e força normal resultante de aperto de parafuso.

Sendo assim, a força de atrito resulta em uma força constante Fat que é contrária à direção do movimento.

Desta forma, a função de transferência deste sistema resulta em uma equação diferencial ordinária:

$$F(t) = -m.\ddot{x} + k.x + Fat.sign(\dot{x}) \qquad (75)$$

Sendo a transformada de Laplace desta equação igual a:

$$\frac{F(s)}{x(s)} = -m.s^2 + k + \frac{Fat}{s} \qquad (76)$$

Logo a função de transferência resulta em

$$G(s) = \frac{x(s)}{F(s)} = \frac{s}{-m.s^3 + k.s + Fat} \qquad (77)$$

Ao incluir o amortecedor complementar, o sistema se torna retroalimentado (Figura 9.12).

Figura 9.12 – Exemplo de transformação de função em malha aberta para função retroalimentada

Desta forma a nova função de transferência equivalente resulta em:

$$H(s) = \frac{x(s)}{F(s)} = \frac{G(s)}{1 + G(s).(Cs)} \qquad (78)$$

Logo

$$H(s) = \frac{x(s)}{F(s)} = \frac{s}{-m.s^3 + C.s^2 + k.s + Fat} \qquad (79)$$

Pode-se indicar a o amortecedor complementar adicionou um termo de segunda ordem complementar ao denominador da função de transferência.

Consequentemente, este termo adicional de segunda ordem resultou numa redução do pico de ressonância do sistema, conforme exemplificado na Figura 9.13.

Figura 9.13 – Comparativo entre Magnitude de resposta na frequência de sistema original e com amortecedor complementar

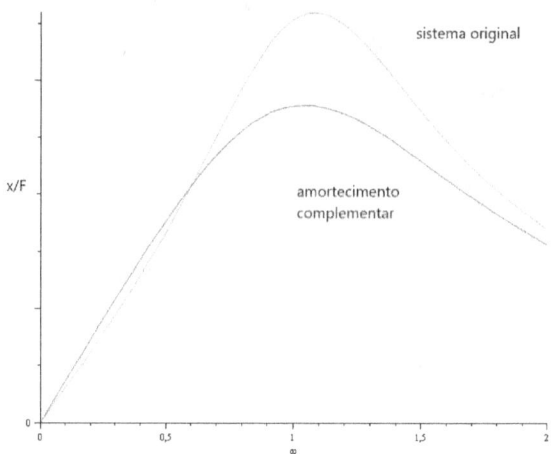

Esta redução de magnitude de permite com que o deslocamentos excessivos possam ser minimizados de forma a atender níveis adequados conforme critérios de conforto vibracional para usuários, assim como normas de segurança em produtos e estruturas.

9.2.4 Sistema de rigidez e amortecimento auto ajustável

Com relação aos sistemas de rigidez e amortecimento auto ajustáveis, pode-se indicar que os mesmos são sistemas que apresentam elementos de dissipação e acumuladores que podem variar conforme sinal de controle.

Ou seja, estes elementos de controle de vibração podem se ajustar conforme sinal elétrico, mecânico, pneumático ou hidráulico.

Considerando, inicialmente, a aplicação de sistemas de dissipação de energia auto ajustáveis, como amortecedores viscosos, amortecedores friccionais, e elementos visco-elásticos, a variação Servo acionada da força de dissipação é o principal objetivo.

Por exemplo, a Figura 9.14 apresenta um esquemático de um sistema de amortecimento viscosos ajustável. Neste caso, o Servo acionamento (4) possibilita o fechamento e abertura da válvula by-pass, restringindo passagem de fluido entre câmaras durante movimento do pistão. Desta forma, o coeficiente de amortecimento "b" ou "c" é uma função do percentual de abertura da válvula bypass.

Neste caso, o valor máximo de amortecimento se dá para a válvula bypass totalmente fechada, enquanto o valor mínimo se apresenta para válvula bypass totalmente aberta.

Pode-se considerar que amortecimento com baixo coeficiente de dissipação proporciona um tempo de resposta mais rápida para o sistema, além de proporcionar flexibilidade e suavidade para a estrutura.

Contudo, amortecimento com baixo coeficiente de dissipação apresentam um longo tempo de estabilização e baixa dissipação por ciclo. Consequentemente, baixa dissipação proporciona uma sensação de suavidade para usuários em contraste com amplos deslocamentos, sobressinal e oscilação transiente.

No caso de amortecedores com auto coeficiente de dissipação, a força de dissipação é superior ao caso citado anteriormente. Como uma consequência, o sistema apresenta uma "rigidez" relativa superior, implicando numa sensação de dureza para o usuário. Entretanto, este tipo de sistema proporciona sobressinal reduzido, além de baixa flexibilidade.

Figura 9.14 – Ilustração de um sistema de amortecimento autoajustavel

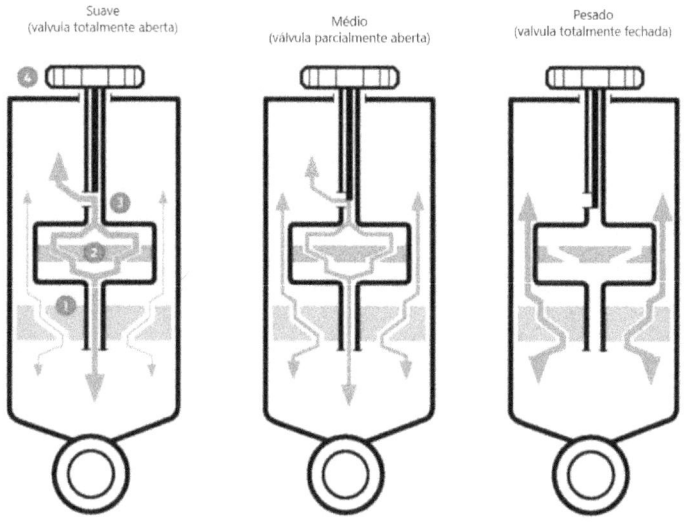

1) pistão rigido   2) pistão flexível   3) válvula by-pass   4)servo acionamento

Este tipo de situação pode ser exemplificado através de um sistema de 1 GDL onde o amortecedor ajustável proporciona valores máximos e mínimos de amortecimento que resultam em um sistema sub e superamortecido, Figura 9.15. Neste caso, pode-se observar que diferentes respostas a degrau podem ser proporcionadas por um mesmo sistema. Logo, pode-se identificar, de forma prática, que a variação do valor de amortecimento controla a velocidade do sistema.

Figura 9.15 – Ilustração de resposta de deslocamento no tempo de sistema com 2 tipos de amortecimento

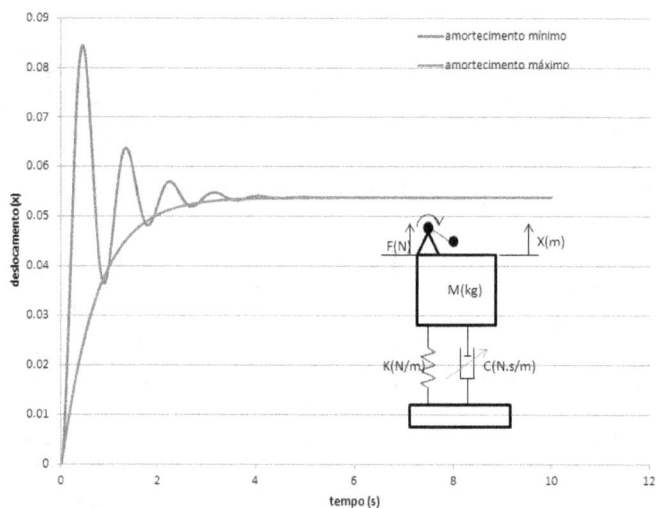

De forma geral, este tipo de sistema pode ser controlado através de malha aberta ou malha fechada, conforme apresentado na Figura 9.16. Neste exemplo, um sistema de malha aberta define a intensidade de amortecimento conforme critérios externos ao sistema, como situação.

Figura 9.16 – Ilustração de sistema de amortecimento ajustável sendo controlado em malha aberta (a) e malha fechada(b)

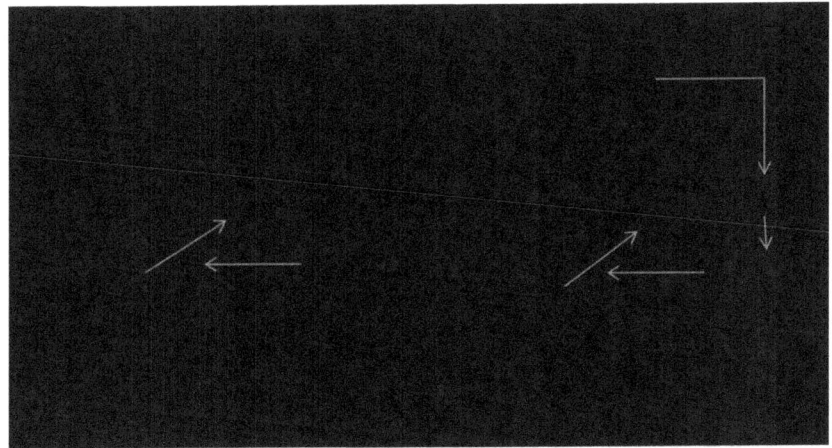

No caso do sistema retroalimentado, um sensor coleta informação sobre deslocamento, velocidade, aceleração ou força, enviando para um controlador que define o valor de intensidade do coeficiente de amortecimento de acordo com a resposta o próprio sistema em adição à sinal de controle externo.

outros dissipadores de energia ajustáveis podem também se destacar, onde dispositivos friccionais, aumentam sua capacidade de dissipação em função do aumento da força normal causada por um servomecanismo.

Da mesma forma, dispositivos acumuladores ajustáveis, como molas pneumáticas, proporcionam a variação de sua rigidez em função da pressão interna inserida no sistema.

Outra forma de se controlar vibração de um sistema é através da variação da rigidez do sistema. Neste caso, a alteração da rigidez do sistema afeta diretamente a frequência natural do sistema. Logo, torna-se possível a alteração da frequência natural do sistema durante a sua operação.

A Figura 9.17 apresenta um esquemático de um exemplo de sistema de controle de vibração baseado em rigidez ajustável. Neste caso, o sistema é conectado a uma alavanca, que por sua vez é ligada a um sistema de mola bi engastado.

Figura 9.17 – Esquemático de sistema de controle de vibração baseado em rigidez ajustável

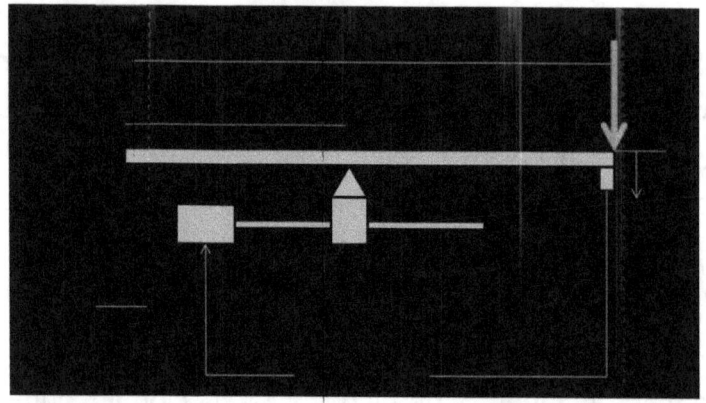

O apoio pivô deste sistema é ligado a um sistema de deslocamento Servo acionado. Desta forma, este apoio pode se movimentar e consequentemente alterar o braço de

alavanca. Assim a rigidez (F/δ) do sistema pode ser alterado conforme demanda.

Nesta figura é também apresentado que o Servo motor que altera a posição do pivô é controlado por um controlador que recebe sinal de posição (aceleração, velocidade ou posição) do sistema, fazendo que este sistema seja de malha fechada.

Neste caso, a função de rigidez deste sistema é uma função da posição do pivô e pode ser representado como:

$$\frac{F(t)}{\delta(t)} = 2 \cdot K \cdot \frac{x^2}{L \cdot (L-x)} \tag{80}$$

9.3 Controle Ativo

Outra forma de controle de vibração é caracterizada por adicionar energia ao sistema.

Ou seja, este tipo de controle adiciona forças ao sistema de forma a minimizar ou anular forças de vibração. Este tipo de controle é chamado de controle ativo e seus principais elementos são:

- controlador
- atuadores
- sistema de retroalimentação composto por sensores e comparadores

Com relação aos sistemas de controle, podem ser destacados os sistemas de controle mecânicos, microprocessados e os eletrônicos.

Entre os controladores mais conhecidos e aplicados, destacam-se os controladores PID. Estes controladores proporcionam controle com peso proporcional(P), Integrativo (I) e derivativo (D). A Figura 9.18 apresenta um esquemático de um sistema com controlador PID. Nesta figura, pode-se observar que a controladora capta o sinal de erro e mede controlando inércia, rigidez e indutância do erro do sistema. Desta forma, definindo comando para o atuador.

Figura 9.18 – Esquemático de bloco de sistema com controlador PID

Com relação aos atuadores empregados neste tipo de controle de vibração, destacam-se os atuadores mecânicos, atuadores inerciais, Servo atuadores, atuadores pneumáticos e atuadores hidráulicos. A Figura 9.19 apresenta fotos de alguns atuadores lineares utilizados em controle de vibrações.

De forma a exemplificar o funcionamento de um sistema de controle ativo, a Figura 9.20 apresenta um esquemático onde o atuador proporciona o cancelamento do efeito da força de excitação.

Figura 9.19 – Exemplo de atuadores lineares utilizados em controle de vibrações

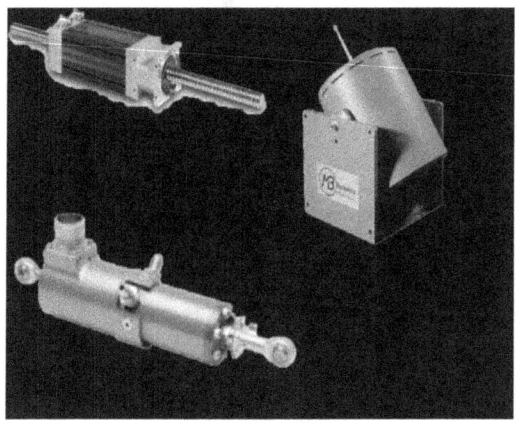

Neste caso, pode-se observar que o sistema de controle indica que o atuador excite o sistema com mesma intensidade que a fonte de vibração, contudo com defasagem de 180 graus. Logo, a força resultante deste sistema resulta em valor nulo. Com isto o deslocamento da massa permanece estável e sem efeitos visíveis de vibração

Figura 9.20 – Exemplo de sistema de controle ativo para massa-mola-amortecedor de 1 GDL

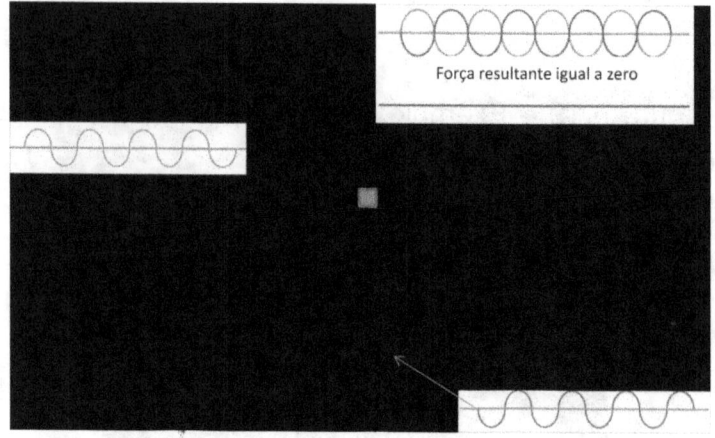

10 Conclusões e perspectivas

Pode-se indicar que este livro é um guia para que pessoas possam realizar experimentos envolvendo vibrações, assim como desenvolvimento de produtos onde vibração se tornam uma função que agrega valor ao produto.

um exemplo deste tipo de aplicação são roupas de ciclistas que detectam se o mesmo caiu de forma a chamar por ajuda.

Neste livro, você também utilizará como um guia rápido para consulta de características e especificações práticas para solucionar problemas relacionados à análise de vibrações e controle.

Desta forma, pode-se identificar que aplicações práticas relacionadas com vibrações foram desmistificadas de forma que qualquer pessoa possa iniciar no mundo de vibrações. Da mesma forma, especialistas em vibrações também podem utilizar, de forma rápida, conceitos avançados de caracterização, controle e monitoramento.

Por fim, podemos indicar que a área de aplicação prática de vibrações pode ser popularizada de forma a desenvolver futuramente aplicações:

- controle de vibração
- conforto humano em relação a vibrações
- monitoramento e segurança de estruturas
- caracterização e desenvolvimento de amortecedores
- Caracterização dinâmica de estruturas e produtos
- Otimização de projetos no ponto de vista dinâmico e de vibrações

Por fim, nós esperamos que você tenha aproveitado este livro e que este sirva como uma referência para que você desenvolva novos projetos e entenda vibrações de forma prática.

11 Referências

Andersson, S., A. Söderberg, et al. (2007). "Friction models for sliding dry, boundary and mixed lubricated contacts." Tribology international **40**(4): 580-587.

Armstrong-Hélouvry, B., P. Dupont, et al. (1994). "A survey of models, analysis tools and compensation methods for the control of machines with friction." Automatica **30**(7): 1083-1138.

B&K (2014) "Modal Exciter Type 4824." Shaker and Exciter.

Beards, C. E. (1996). Structural Vibration: Analysis and Damping, Butterworth-Heinemann.276 p.

Chowdhury, S. H. (1999). Damping characteristics of reinforced and partially prestressed concrete beams. Doutorado, Griffith University Queensland.

CNT (Janeiro, 2018). Boletim Estatístico. http://www.cnt.org.br/Boletim/boletim-estatistico-cnt, Confederação Nacional do Transporte: 1.

Cook, W. (2014). "Bridge Failure Rates, Consequences, and Predictive Trends."

de Silva, C. W. (1999). Vibration: Fundamentals and Practice, Second Edition, Taylor & Francis.957 p.

Ewins, D. J., S. S. Rao, et al. (2002). <u>Encyclopedia of Vibration, Three-Volume Set</u>, Academic press.1595 p.

Gatti, P. L. and V. Ferrari (1999). <u>Applied Structural and Mechanical Vibrations - Theory, methods and measuring instrumentation</u>. 29 West 35th Street, New York, NY 10001, Routledge.815 p.

Harris, C. M. and A. G. Piersol (2002). <u>Harris' shock and vibration handbook</u>, McGraw-Hill.1568 p.

Juliani, T. M. (2014). Detecção de danos em pontes em escala reduzida pela identificação modal estocástica. Mestrado, Universidade de São Paulo.

Kelly, S. G. (2000). <u>Fundamentals Of Mechanical Vibration</u>. Singapore, Mcgraw Hill.632 p.

Lepage, A., S. Delgado, et al. (2008). <u>Appropriate models for practical nonlinear dynamic analysis of reinforced concrete frames</u>. The 14th World Conference on Earthquake Engineering, Beijing.

Lepage, A., M. W. Hopper, et al. (2010). "Best-fit models for nonlinear seismic response of reinforced concrete frames." <u>Engineering Structures</u> **32**(9): 2931-2939.

Marengo, J., R. Schaeffer, et al. (2010). "Mudanças climáticas e eventos extremos no Brasil." <u>Fundação Brasileira para o Desenvolvimento Sustentável–FBDS.</u>

Mazurek, D. F. and J. T. DeWolf (1990). "Experimental study of bridge monitoring technique." <u>Journal of Structural Engineering</u> **116**(9): 2532-2549.

McConnell, K. G. (2001). "Modal testing." Philosophical Transactions of the Royal Society of London. Series A: Mathematical, Physical and Engineering Sciences **359**(1778): 18.

McConnell, K. G. and P. S. Varoto (2008). Vibration Testing: Theory and Practice, Wiley.672 p.

Meirovitch, L. (2001). Fundamentals of vibrations. Singapore, Mcgraw-Hill Book.pgs.826 p.

Melo, E. S. d. (2007). Interação dinâmica veículo-estrutura em pequenas pontes rodoviárias. Dissertação Mestrado, UNIVERSIDADE FEDERAL DO RIO DE JANEIRO.

Mobley, R. K. (1999). Vibration Fundamentals, Elsevier Science.288 p.

Olson, D. W., S. Wolf, et al. (2015). "The Tacoma Narrows Bridge collapse." Physics today **68**(11): 64.

Ramaswamy, C. (2016). "How dangerous is your washing machine?" The Guardian.

RAO, S. (2009). Vibrações Mecânicas, Pearson Education do Brasil.424 p.

REUTERS (2016) "Samsung to recall 2.8 million washing machines in the United States." CNBC.

Salawu, O. S. and C. Williams (1995). "Review of full-scale dynamic testing of bridge structures." Engineering Structures **17**(2): 113-121.

SAMPAIO, P. A. B. d., S. R. C. d. OLIVEIRA, et al. (2010). "Comportamento Aerodinâmico de Estrutura de Ponte com Seção Alterada pela Presença de Veículos."

Santos, E. F. d. (2007). ANÁLISE E REDUÇÃO DE VIBRAÇÕES EM PONTES RODOVIÁRIAS. Tese de Doutorado, UNIVERSIDADE FEDERAL DO RIO DE JANEIRO.

TEIXEIRA, R., S. AMADOR, et al. (2010). "Static and dynamic analysis of a reinforced concrete rail bridge located in the Carajas Railroad Análise estática e dinâmica de uma ponte ferroviária em concreto armado localizada na Estrada de Ferro Carajás." Revista IBRACON de Estruturas e Materiais **3**(3): 284-309.

Thorby, D. (2008). Structural Dynamics and Vibration in Practice, Elsevier.419 p.

TIMOSHENKO, S. (1937). VIBRATION PROBLEMS IN ENGINEERING. New York, D. VAN NOSTRAND COMPANY, INC.497 p.

USP, C. d. S. (2016). "Boletim Sísmico - Dados 2001 - 2016." Retrieved Abril de 2017, 2017, from http://sismo.iag.usp.br/eq/bulletin/.

Wesley Machado Cunico, M. and J. Desiree Medeiros Cavalheiro (2019). "Analysis and optimization of the effects of frictional and viscous dampers on dynamical systems." Journal of Low Frequency Noise, Vibration and Active Control: 1461348418821515.

Wojewoda, J., A. Stefański, et al. (2008). "Hysteretic effects of dry friction: modelling and experimental studies." Philosophical Transactions of the Royal Society of London A: Mathematical, Physical and Engineering Sciences **366**(1866): 747-765.

Yuji, T. and K. Kazuhiro (2012). ESTIMATION OF EQUIVALENT VISCOUS DAMPING RATIO FOR FLEXURAL BEAM IN PRESTRESSED REINFORCED CONCRETE FRAME. 15° World Conference on Earthquake Engineering, Lisboa.

www.ingramcontent.com/pod-product-compliance
Lightning Source LLC
Chambersburg PA
CBHW081426220526
45466CB00008B/2288